Python
土力学与基础工程计算

马瑞强　赵振国　钱爱云　黄　荣◎著

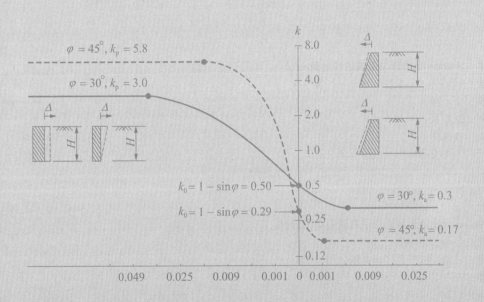

人民交通出版社股份有限公司

北京

内 容 提 要

本书属于 Python 土木工程计算丛书，主要介绍如何用 Python 编程语言开发土力学与基础工程的应用程序，以解决土力学与基础工程中的各种需要迭代计算、重复计算或不适合手算的问题，将土力学与基础工程的专业知识与 Python 语言结合起来，通过大量的典型工程实例引导读者快速入门。本书的每个项目均采用三段式结构：项目描述、项目代码和输出结果。项目描述简略地给出本项目涉及的基本公式和相关标准、规范要求的内容；项目代码为实现本项目目标的完整代码；输出结果为运行项目代码后得到的结果（数据或图示）。

本书内容丰富，通俗易懂，可作为具有一定编程基础的土木工程技术人员的参考书，也适合高等院校相关专业的学生阅读和学习。

图书在版编目（CIP）数据

Python 土力学与基础工程计算/马瑞强等著. —北京：人民交通出版社股份有限公司，2022.11

ISBN 978-7-114-18305-8

Ⅰ.①P…　Ⅱ.①马…　Ⅲ.①软件工具—程序设计—应用—土力学②软件工具—程序设计—应用—基础(工程)—工程计算　Ⅳ.①TU4-39

中国版本图书馆 CIP 数据核字（2022）第 197898 号

书　　　名：	Python 土力学与基础工程计算
著 作 者：	马瑞强　赵振国　钱爱云　黄　荣
责 任 编 辑：	李　坤
责 任 校 对：	赵媛媛
责 任 印 制：	刘高彤
出 版 发 行：	人民交通出版社股份有限公司
地　　　址：	（100011）北京市朝阳区安定门外外馆斜街 3 号
网　　　址：	http://www.ccpcl.com.cn
销 售 电 话：	（010）59757973
总 经 销：	人民交通出版社股份有限公司发行部
经　　　销：	各地新华书店
印　　　刷：	北京印匠彩色印刷有限公司
开　　　本：	787×1092　1/16
印　　　张：	17.25
字　　　数：	430 千
版　　　次：	2022 年 11 月　第 1 版
印　　　次：	2022 年 11 月　第 1 次印刷
书　　　号：	ISBN 978-7-114-18305-8
定　　　价：	68.00 元

（有印刷、装订质量问题的图书，由本公司负责调换）

前言

    土木工程设计中存在大量的试算问题，如确定偏心荷载作用下基础的底面尺寸、确定基础沉降的计算深度、确定基础垫层的厚度等。试算问题的初始数据取值是否得当，往往决定试算结果是否合理有效，这与工程师的个人实践经验密切相关。

    土木工程设计中存在的另一个较为常见的问题是设计内容具有重复性，常规结构构件的设计过程，本质是按照建设工程设计标准、规范与规程等的规定走流程，验算各个构件的相关要素是否满足相关要求。例如，构件是否满足最小截面、最小配筋率、最低混凝土强度等级、最少螺栓数量等构造要求。这些工作均会耗费工程师大量的工作时间，减少其从事创造性工作的时间。是否能用计算机程序完成重复性的计算，将对工程师的工作效率产生重大影响。

    鉴于此，作者编写了 Python 土木工程计算丛书，《Python 土力学与基础工程计算》是丛书中的一本，主要介绍如何用 Python 编程语言开发土力学与基础工程的应用程序，将土力学与基础工程的专业知识与 Python 语言结合起来，通过大量的典型工程实例引导读者快速入门。

    本书的每个项目均采用三段式结构：项目描述、项目代码和输出结果。项目描述简略地给出本项目涉及的基本公式和相关标准、规范要求的内容；项目代码为实现本项目目标的完整代码；输出结果为运行项目代码后得到的结果（数据或图示）。

    为简明起见，本书的程序代码一般未给出异常处理的代码，读者可以根据情况自行添加。程序代码的输入参数，一般是在程序提示栏提供或直接在程序中给出，读者可以根据情况写出读取文件的模式，代入程序所需参数。

    本书内容丰富，通俗易懂，可作为具有一定编程基础的工程技术人员的参考书，也适合高等院校相关专业的学生阅读和学习。

本书主要编写人员有：马瑞强、赵振国、钱爱云、黄荣。参与编写人员有：刘迪迪、刘声树、李桐、梁辉、赵东黎、李杰、周强。

作　者

2022 年 7 月

图书体例

程序代码是本书的重要内容，每一节均有一段完整的程序代码，在此对程序代码做统一说明。

下面的一段程序代码中：❶为能正确显示中文设定的编码方式；❷为导入库及其简称；❸为导入库的部分函数，在代码中采用的函数名称为 tan，而不是 math.tan，以达到精简代码的目的；❹为主函数，此处一般会输入本代码中出现的各个参数的赋值，赋值一般采用❺处的多重赋值方式，以减少代码行数；❻为引入本程序运行生成计算书的时间；❼为本程序运行生成 docx 格式计算书的文件名，该 docx 文件所在的位置与程序在同一文件夹下；❽为采用上下文管理器来管理 docx 文件的创建与写入；❾为判断是否执行正确。

```python
# -*- coding: utf-8 -*-                       ❶
import sympy as sp                            ❷
import numpy as np
from datetime import datetime                 ❸
from math import tan, radians··· ···

def main():                                   ❹
    "                b, l, θ,        Fk,  fak,  number "
    b,l,θ,Fk,fak,number = 2, 2, radians(30), 866, 106,  0.1      ❺

    dt = datetime.now()                       ❻
    localtime = dt.strftime('%Y-%m-%d  %H:%M:%S')
    print('-'*many)
    print("本计算书生成时间 :", localtime)

    filename = '直接确定垫层厚度.docx'          ❼
    with open(filename,'w',encoding = 'utf-8') as f:    ❽

if __name__ == "__main__":                    ❾
    many = 66
    print('='*many)
    main()
    print('='*many)
```

本书采用 Python 3.8.10 编写，运行书中代码所需安装的库见下表。

库　　名	版　本　号
matplotlib	3.5.0
numpy	1.21.2
scipy	1.7.1
sympy	1.1.1

目录

| 第1章 |

土中应力与变形

1.1 土的自重应力

1.1.1 项目描述

土的自重应力为：

$$\sigma_{cz} = \sum_{i=1}^{n} \gamma_i z_i \tag{1-1}$$

1.1.2 项目代码

本计算程序可以计算土的自重应力。代码清单 1-1 中：❶为采用线性代数点积法得到自重应力数值；❷为求数组积再求和得到自重应力数值；❸处及下一行代码为输入土层的重度γ（kN/m³）和厚度h（m）的数值；❹的 error 是为了验证❶、❷两种方法计算的土的自重应力值是否一致。具体见代码清单 1-1。

代 码 清 单	1-1

```
# -*- coding: utf-8 -*-
import numpy as np
import matplotlib.pyplot as plt


def σz(γ,h):
    σz1 = np.dot(γ,h)                        ❶
    σz2 = np.sum(γ*h)                        ❷
    error = σz2-σz1
```

```
        return σz1, σz2, error

if __name__ == "__main__":
    γ = np.array([0,18.6,10.6,19.3])              ❸
    h = np.array([0,1.56,3.7,2.8])
    σz1, σz2 , error = σz(γ,h)

    print(f'σz1 = {σz1:<3.1f} kPa')
    print(f'σz2 = {σz2:<3.1f} kPa')
    print(f'error = {error:<3.3f} ')              ❹

    hz = h.cumsum()
    σz = γ*h
    σz = σz.cumsum()

    fig, ax = plt.subplots(1,1, figsize=(5.7, 3.6), facecolor="#f1f1f1")
    plt.grid(True)
    plt.plot(σz,h,color='g',linewidth=3)

    graph = '土中自重应力'
    ax.set_xlabel("$σz$ (kPa)",fontsize=9, fontname='serif')
    ax.set_ylabel("$h$ (m)", fontsize=9, fontname='serif')

    ax.fill_between(σz,h,sum(h),color=plt.cm.magma(0.85),alpha=0.66)
    plt.gca().invert_yaxis()
    ax.xaxis.set_ticks_position('top')
    ax.xaxis.set_label_position('top')

    for v,item in enumerate(σz):

        if v ==0:
            pass
        else:
            ax.annotate(f'{σz[v]:<3.1f}kPa',
                        xy=(σz[v], h[v]), xycoords='data',
                        xytext=(-23, 30), textcoords='offset points',
                        arrowprops=dict(arrowstyle="->",
                    connectionstyle="angle,angleA=-10,angleB=100,rad=13"))

    fig.savefig(graph, dpi=600, facecolor="#f1f1f1")
```

1.1.3 输出结果

运行代码清单 1-1，可以得到输出结果 1-1。输出结果 1-1 中：❶为代码清单 1-1 中算法❶的自重应力数值；❷为代码清单 1-1 中算法❷的自重应力数值；❸为两种算法的计算差值。输出结果 1-1 中的图示为自重应力曲线图。

输 出 结 果	1-1

```
σz1 = 122.3 kPa          ❶
σz2 = 122.3 kPa          ❷
error = 0.000            ❸
```

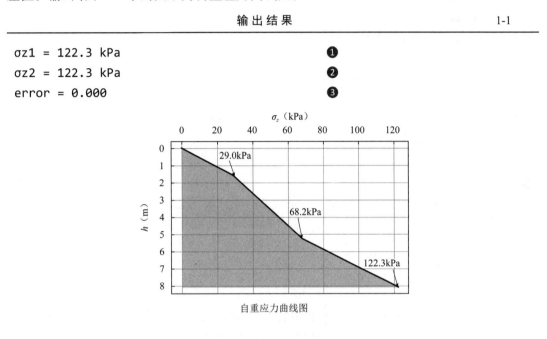

自重应力曲线图

1.2 集中荷载作用下土中应力
——布辛奈斯克解（1）

1.2.1 项目描述

集中力作用下深度 z 处的竖向附加应力为：

$$\sigma_z = \int_0^l \int_0^b \frac{3p}{2\pi} \frac{z^3}{(x^2 + y^2 + z^2)^{\frac{5}{2}}} \mathrm{d}x\,\mathrm{d}y \tag{1-2}$$

1.2.2 项目代码

本计算程序可以计算集中荷载作用下土中应力。代码清单 1-2 中：❶为定义布辛奈斯克函数；❷为给出计算参数值；❸及以下为输出结果 1-2 中第一个图示（σ_z-r关系）的代码；❹及以下为输出结果 1-2 中第二个图示（σ_z-z关系）的代码；❺及以下为输出结果 1-2 中第三个图示（α-r/z关系）的代码。具体见代码清单 1-2。

代码清单　　　　　　　　　　　　　　1-2

```python
# -*- coding: utf-8 -*-
from math import pi
from datetime import datetime
import numpy as np
import matplotlib.pyplot as plt

def Boussinesq(r,z,Q):                              ❶
    α = 3/(2*pi*((1+(r/z)**2))**(5/2))
    σ = α*(Q/z**2)
    return α, σ

def main():
    Q, R, z = 200, 10, 2                            ❷
    r = np.linspace(0.01, R, 100)
    α, σ = Boussinesq(r,z,Q)

    fig, ax0 = plt.subplots(1,1,figsize = (5.7,3.6), facecolor = "#f1f1f1")
    plt.rcParams['font.sans-serif'] = ['STsong']
    plt.plot(r/z,σ, color='r',linewidth=2, linestyle='-')      ❸
    plt.ylabel("竖向附加应力 $σ_z$ (kPa)",size=8)
    plt.xlabel("半径 $r$ (m)",size=8)
    ax0.xaxis.set_ticks_position('top')
    ax0.xaxis.set_label_position('top')
    plt.grid(True)
    plt.show()
    graph = '竖向附加应力 σ(kPa) '
    fig.savefig(graph, dpi=600, facecolor="#f1f1f1")

    Zmax, r = 6, 1                                  ❹
    z = np.linspace(0.01, Zmax, 100)
    α, σ = Boussinesq(r,z,Q)

    fig1, ax0 = plt.subplots(1,1,figsize = (5.7,3.6), facecolor = "#f1f1f1")
    plt.plot(σ,z, color='r',linewidth=2, linestyle='-')
    plt.xlabel("竖向附加应力 $σ_z$ (kPa)",size=8)
```

```
        plt.ylabel("深度 $z$ (m)",size=8)
        plt.gca().invert_yaxis()
        ax0.xaxis.set_ticks_position('top')
        ax0.xaxis.set_label_position('top')
        plt.grid(True)
        plt.show()
        graph = '竖向附加应力 σz (kPa) '
        fig1.savefig(graph, dpi=600, facecolor="#f1f1f1")

        Q, R, z = 100, 100, 20                    ❺
        r = np.linspace(0.01, R, 100)
        α, σ = Boussinesq (r,z,Q)
        fig2, ax = plt.subplots(1,1,figsize = (5.7,3.6), facecolor = "#f1f1f1")
        α = Boussinesq (r,z,Q)[0]
        plt.plot(r/z,α, color='r',linewidth=2, linestyle='-')
        plt.ylabel("竖向附加应力系数 $α$ ",size=8)
        plt.xlabel(" $r/z$",size=8)
        ax.xaxis.set_ticks_position('top')
        ax.xaxis.set_label_position('top')
        plt.grid(True)
        plt.show()
        graph = '竖向附加应力系数 .png'
        fig2.savefig(graph, dpi=600, facecolor="#f1f1f1")

        dt = datetime.now()
        localtime = dt.strftime('%Y-%m-%d  %H:%M:%S ')
        print('-'*m)
        print("本图形生成时间 :", localtime)

if __name__ == "__main__":
    m = 66
    print('='*m)
    main()
    print('='*m)
```

1.2.3　输出结果

运行代码清单 1-2，可以得到输出结果 1-2。

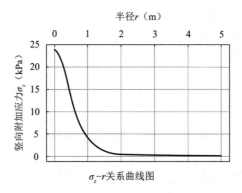

σ_z–r关系曲线图

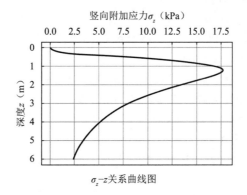

σ_z–z关系曲线图

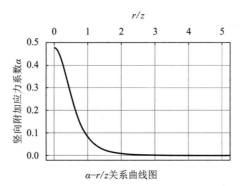

α–r/z关系曲线图

1.3 集中荷载作用下土中应力

——布辛奈斯克解（2）

1.3.1 项目描述

项目描述与 1.2.1 节相同，不再赘述。

1.3.2 项目代码

本计算程序可以进行集中荷载作用下角点下不同深度处的应力的比较。代码清单 1-3 中：❶为定义布辛奈斯克函数；❷为定义子图函数；❸及以下为输出结果 1-3 中第一个图示（$z = 1$m时，$\sigma\text{-}r$关系）的代码；❹及以下为输出结果 1-3 中第二个图示（$z = 2$m时，$\sigma\text{-}r$关系）的代码；❺及以下为输出结果 1-3 中第三个图示（$z = 3$m时，$\sigma\text{-}r$关系）的代码。具体见代码清单 1-3。

代 码 清 单	1-3

```python
# -*- coding: utf-8 -*-
from math import pi
from datetime import datetime
import numpy as np
import matplotlib.pyplot as plt
from pylab import mpl
mpl.rcParams['axes.unicode_minus'] = False
import mpl_toolkits.axisartist as axisartist

def Boussinesq_v(r,z,Q):                        ❶
    α = 3/(2*pi*((1+(r/z)**2))**(5/2))
    σ = α*(Q/z**2)
    return σ

def setup_axes(fig, rect):                      ❷
    ax = axisartist.Subplot(fig, rect)
    fig.add_subplot(ax)
    return ax

def main():
    fig = plt.figure(0, figsize=(5.7,5.6), facecolor = "#f1f1f1")
    fig.subplots_adjust(left=0.15, hspace=0.90)
    plt.rcParams['font.sans-serif'] = ['STsong']

    r = np.linspace(0.01,4)                      ❸
    z,Q, = 1, 200
    σ = Boussinesq_v(r,z,Q)
    ax = setup_axes(fig, 311)
    ax.set_ylabel("竖向附加应力 σ (kPa)",size = 10)
    ax.set_xlabel("半径 r (m)",size = 10)
    ax.text(-1,-16,r" z=1m 时 σ 与 r 的曲线", size=10)
```

```
    plt.grid()
    plt.plot(r,-σ, color='r')
    plt.plot(-r,-σ, color='r')

    r = np.linspace(0.01,4)                          ❹
    z,Q, = 2, 200
    σ = Boussinesq_v(r,z,Q)
    ax = setup_axes(fig, 312)
    ax.set_ylabel("竖向附加应力 σ (kPa)",size = 10)
    ax.set_xlabel("半径 r (m)",size = 10)
    ax.text(-1,-8,r" z=2m 时 σ 与 r 的曲线 ", size=10)
    plt.grid()
    plt.plot(-r,-σ, color='b')
    plt.plot(r,-σ, color='b')

    r = np.linspace(0.01,4)                          ❺
    z,Q, = 3, 200
    σ = Boussinesq_v(r,z,Q)
    ax = setup_axes(fig, 313)
    ax.set_ylabel("竖向附加应力 σ (kPa)",size = 10)
    ax.set_xlabel("半径 r (m)",size = 10)
    ax.text(-1,-4,r" z=3m 时 σ 与 r 的曲线", size=10)
    plt.grid()
    plt.plot(-r,-σ, color='g')
    plt.plot(r,-σ, color='g')
    plt.show()

    graph = '竖向附加应力 σ (kPa) '
    fig.savefig(graph, dpi=600, facecolor="#f1f1f1")

    dt = datetime.now()
    localtime = dt.strftime('%Y-%m-%d  %H:%M:%S ')
    print('-'*m)
    print("本图形生成时间 :", localtime)

if __name__ == "__main__":
    m = 66
    print('='*m)
    main()
    print('='*m)
```

1.3.3 输出结果

运行代码清单 1-3，可以得到输出结果 1-3。由输出结果 1-3 中的三个图示可知，随着深度增加，在同一集中荷载作用下，荷载作用点处竖向附加应力呈非线性减小，曲线中部（荷载作用点处）趋于平坦。

输 出 结 果   1-3

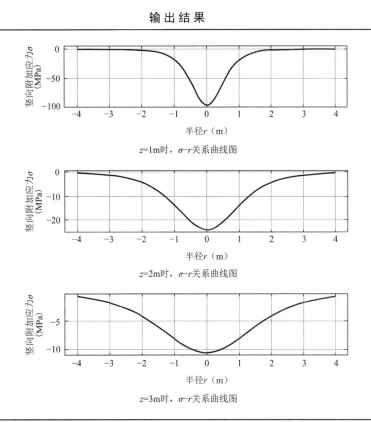

z=1m时，σ-r关系曲线图

z=2m时，σ-r关系曲线图

z=3m时，σ-r关系曲线图

1.4 布辛奈斯克三维图解

1.4.1 项目描述

项目描述与 1.2.1 节相同，不再赘述。

1.4.2 项目代码

本计算程序可以计算土的附加应力。代码清单 1-4 中：❶为定义附加应力函数；❷为定义 x、y 轴作用范围（为绘制三维图形准备 x、y 轴数据）；❸为 z 轴数值计算；❹为设置三维图示绘制风格；❺为彩虹图例。具体见代码清单 1-4。

```
# -*- coding: utf-8 -*-
from math import pi
from datetime import datetime
import numpy as np
import matplotlib.pyplot as plt

def Boussinesq_h(r,z,Q):                              ❶
    α = 3/(2*pi*((1+(r/z)**2))**(5/2))
    σ_h = α*(Q/z**2)
    return σ_h

def Boussinesq_v(r,z,Q):
    α = 3/(2*pi*((1+(r/z)**2))**(5/2))
    σ_v = α*(Q/z**2)
    return σ_v

def title_and_labels(ax,title):
    ax.set_title(title)
    ax.set_xlabel("X")
    ax.set_ylabel("Y")
    ax.set_zlabel("Z")

def main():
    z, Q = 2, 500
    x = y = np.linspace(-6, 6, 66)                    ❷
    X, Y = np.meshgrid(x,y)
    R = np.sqrt(X**2+Y**2)
    σv = Boussinesq_h(R,z,Q)                          ❸

    plt.rcParams['font.sans-serif'] = ['STsong']
    fig,axes = plt.subplots(1,2,figsize=(12,6),
                        subplot_kw={'projection':'3d'})
    p = axes[0].plot_surface(X,Y,-σv,rstride=1,cstride=1,
                        linewidth=0,cmap="rainbow")       ❹
    fig.colorbar(p, ax=axes[0],shrink=0.6)            ❺
    title_and_labels(axes[0],"竖向附加应力曲面图")

    axes[1].plot_wireframe(X,Y,-σv,rstride=2,cstride=2,lw=0.5,color="b")
    title_and_labels(axes[1],"竖向附加应力网格图")
```

```
plt.show()
graph = '竖向附加应力 '
fig.savefig(graph, dpi=600, facecolor="#f1f1f1")

dt = datetime.now()
localtime = dt.strftime('%Y-%m-%d  %H:%M:%S ')
print('-'*m)
print("本图形生成时间 :", localtime)

if __name__ == "__main__":
    m = 66
    print('='*m)
    main()
    print('='*m)
```

1.4.3 输出结果

运行代码清单 1-4，可以得到输出结果 1-4。输出结果 1-4 中的左侧三维图形由代码清单 1-4 中的❹代码控制，右侧色条由代码清单 1-4 中的❺代码控制。

输 出 结 果   1-4

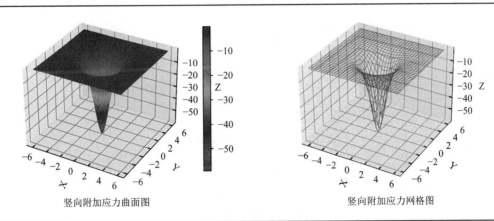

竖向附加应力曲面图   竖向附加应力网格图

1.5 矩形面积均布荷载时中心点下附加应力

1.5.1 项目描述

利用角点下的应力计算公式和应力叠加原理，求地基中任意点的附加应力，称为角点法。根据《建筑地基基础设计规范》（GB 50007—2011）（简称《地规》[①]）第 5.3.5 条与附录 K，角点法见流程图 1-1，角点法图解见图 1-1。

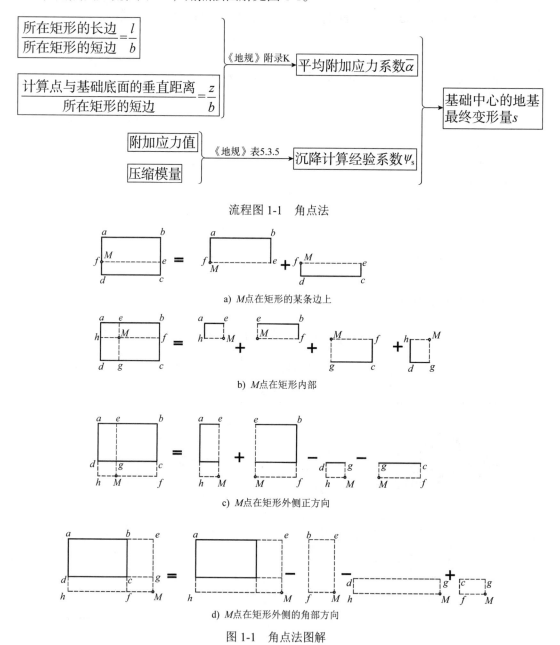

流程图 1-1　角点法

a) M点在矩形的某条边上

b) M点在矩形内部

c) M点在矩形外侧正方向

d) M点在矩形外侧的角部方向

图 1-1　角点法图解

1.5.2　项目代码

本计算程序可以计算矩形面积中心点下附加应力系数及其附加应力。代码清单 1-5 中：❶为输出结果定义的初始数据；❷为微元矩形面积上荷载作用的函数；❸为附加应力系数；

---

① 在流程图中，《建筑地基基础设计规范》（GB 50007—2011）简写为《地规》，余同。

④为附加应力；⑤为绘制输出结果 1-5 中图示的深度定义参数；⑥为输出结果 1-5 中第一个图示的代码；⑦为第一个图示的绘图范围；⑧为第一个图示的绘图网格线间距；⑨为绘出第一个图示；⑩及以下代码是绘制第二个图示，不再赘述。具体见代码清单 1-5。

代码清单   1-5

```python
# -*- coding: utf-8 -*-
from scipy import integrate, pi
import numpy as np
from datetime import datetime
import matplotlib.pyplot as plt
from pylab import mpl
mpl.rcParams['axes.unicode_minus']=False
import mpl_toolkits.axisartist as axisartist


def main():
    l, b, z, p = 6.4, 4, 8, 90                    ❶
    def f(x,y):                                     ❷
        return 1/(x**2+y**2+z**2)**(5/2)


    a, c = -l/2, l/2
    g = lambda x: -b/2
    h = lambda x: b/2
    db = integrate.dblquad(f, a, c, g, h)
    α0 = db[0]*(3*z**3)/(2*pi)                       ❸
    σz = α0*p                                        ❹


    print(f'长宽比              l/b = {l/b:<3.1f}')
    print(f'深宽比              z/b = {z/b:<3.1f}')
    print(f'附加应力系数         α0 = {α0:<3.3f}')
    print(f'基底压力             p = {p:<3.1f} kPa')
    print(f'基底中心下附加压力    σz = {σz:<3.1f} kPa')


    depth = np.linspace(0.01, 10, 100)              ❺
    α1 = σz1 = []
    for z in depth:
        db = integrate.dblquad(f, a, c, g, h)
        α0 = db[0]*(3*z**3)/(2*pi)
        α1.append(α0)
        σz1.append(α0*p)
```

```
fig = plt.figure(0, figsize=(5.7,4.5), facecolor = "#f1f1f1")
fig.subplots_adjust(left=0.15, hspace=0.9)
plt.rcParams['font.sans-serif'] = ['STsong']

ax = fig.add_subplot(axisartist.Subplot(fig, 211))         ❻
x1, x2, y1, y2 = 0, max(depth), 0, max(α1)+0.01            ❼
plt.axis([x1,x2,y1,y2])
plt.axis('on')

xmin, xmax, dx = x1, x2, max(depth)*0.05                    ❽
ymin, ymax, dy = y1, y2, max(α1)*0.2
plt.xticks(np.arange(xmin,xmax,dx))
plt.yticks(np.arange(ymin,ymax,dy))

plt.plot(depth,α1, color='r', lw=2, linestyle='-')         ❾
ax.set_ylabel("$α$", fontsize=8)
ax.set_xlabel("深度 $z$ (m)", fontsize=8)
plt.grid()
graph = '竖向附加应力系数 '
plt.title(graph, fontsize=10)

ax = fig.add_subplot(axisartist.Subplot(fig, 212))         ❿
x1, x2, y1, y2 = 0, max(depth), 0, max(σz1)+0.01
plt.axis([x1,x2,y1,y2])
plt.axis('on')

xmin, xmax, dx = x1, x2, max(depth)*0.05
ymin, ymax, dy = y1, y2, max(σz1)*0.2
plt.xticks(np.arange(xmin,xmax,dx))
plt.yticks(np.arange(ymin,ymax,dy))

plt.plot(depth,σz1, color='g', lw=2, linestyle='-')
ax.set_ylabel("$σ_z $ (kPa)", fontsize=8)
ax.set_xlabel("深度 $z$ (m)", fontsize=8)
plt.grid()
graph = '竖向附加应力 '
plt.title(graph, fontsize=10)

plt.show()
fig.savefig(graph, dpi=600, facecolor="#f1f1f1")
```

```
    dt = datetime.now()
    localtime = dt.strftime('%Y-%m-%d  %H:%M:%S ')
    print('-'*m)
    print("本计算书生成时间 :", localtime)

    filename = '基底中心下附加压力.docx'
    with open(filename,'w',encoding = 'utf-8') as f:
        f.write(f'长宽比              l/b = {l/b:<3.1f}\n')
        f.write(f'深宽比              z/b = {z/b:<3.1f}\n')
        f.write(f'应力系数            α0 = {α0:<3.3f}\n')
        f.write(f'基底压力            p = {p:<3.1f} kPa\n')
        f.write(f'基底中心下附加压力   σz = {σz:<3.1f} kPa\n')
        f.write(f'本计算书生成时间 : {localtime}')

if __name__ == "__main__":
    m = 50
    print('='*m)
    main()
    print('='*m)
```

1.5.3 输出结果

运行代码清单 1-5，可以得到输出结果 1-5。输出了矩形面积中心点均布荷载作用下的附加应力系数、附加应力及相关曲线图示。

输 出 结 果	1-5

长宽比   l/b = 1.6
深宽比   z/b = 2.0
应力系数   α0 = 0.161
基底压力   p = 90.0 kPa
基底中心下附加压力   σz = 14.5 kPa

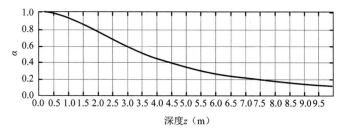

深度z（m）

竖向附加应力系数

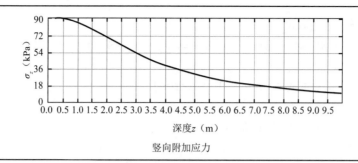

深度z（m）

竖向附加应力

1.6　矩形面积均布荷载时角点下附加应力

1.6.1　项目描述

集中力在角点O以下深度z处M点所引起的竖向附加应力为：

$$\mathrm{d}\sigma_z = \frac{3\,\mathrm{d}P}{2\pi} \cdot \frac{z^3}{R^5} = \frac{3p}{2\pi} \frac{z^3}{(x^2 + y^2 + z^2)^{\frac{5}{2}}}\,\mathrm{d}x\,\mathrm{d}y \tag{1-3}$$

将式(1-3)沿整个矩形面积（l为矩形的长边，b为矩形的短边）积分，可得矩形面积上均布荷载p在M点引起的附加应力[式(1-2)]，即：

$$\sigma_z = \int_0^l \int_0^b \frac{3p}{2\pi} \frac{z^3}{(x^2 + y^2 + z^2)^{\frac{5}{2}}}\,\mathrm{d}x\,\mathrm{d}y$$

矩形面积角点下附加应力系数示意见图 1-2。

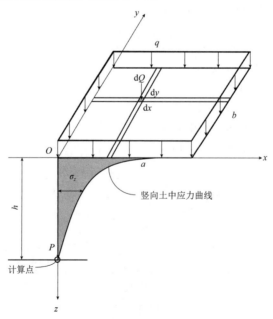

图 1-2　矩形面积角点下附加应力系数

1.6.2 项目代码

本计算程序可以计算土的附加应力。代码清单 1-6 中：❶为矩形面积下函数；❷为二重积分长度方向的范围；❸为二重积分函数的积分下限；❹为二重积分函数的积分上限，❺为二重积分函数；❻为矩形面积下的附加应力系数；❼为附加应力计算值。具体见代码清单 1-6。

代 码 清 单   1-6

```python
# -*- coding: utf-8 -*-
from scipy import integrate
import numpy as np
from math import pi
from datetime import datetime
import matplotlib.pyplot as plt
from pylab import mpl
mpl.rcParams['axes.unicode_minus']=False
import mpl_toolkits.axisartist as axisartist


def main():
    '''              l,  b, z, p '''
    l, b, z, p = 10, 5, 2, 100
    def f(x,y):                              ❶
        return 1/((b/2-x)**2+(l/2-y)**2+z**2)**(5/2)

    a, c = -l/2, l/2                         ❷
    g = lambda x: -b/2                       ❸
    h = lambda x: b/2                        ❹
    db = integrate.dblquad(f, a, c, g, h)    ❺
    α0 = db[0]*(3*z**3)/(2*pi)               ❻
    σz = α0*p                                ❼
    print(f'长宽比             l/b = {l/b:<.1f}')
    print(f'深宽比             z/b = {z/b:<.1f}')
    print(f'附加应力系数        α0 = {α0:<.3f}')
    print(f'基底压力            p = {p:<.1f} kPa')
    print(f'基底角点下附加压力   σz = {σz:<.1f} kPa')

    depth = np.linspace(0.1, 10, 100)
    α1  = []
    σz1 = []
    for z in depth:
```

```python
        db = integrate.dblquad(f, a, c, g, h)
        α0 = db[0]*(3*z**3)/(2*pi)
        α1.append(α0)
        σz1.append(α0*p)


fig = plt.figure(0, figsize=(5.7, 3.6), facecolor = "#f1f1f1")
fig.subplots_adjust(left=0.1, hspace=0.9)
plt.rcParams['font.sans-serif'] = ['STsong']


ax = fig.add_subplot(axisartist.Subplot(fig, 211))
plt.plot(depth,α1, color='r', lw=2, linestyle='-')
ax.set_ylabel("$α$", fontsize=8)
ax.set_xlabel("深度 $z$ (m)", fontsize=8)
plt.grid()
graph = '角点下竖向附加应力系数 '
plt.title(graph, fontsize =10)


ax = fig.add_subplot(axisartist.Subplot(fig, 212))
plt.plot(depth,σz1, color='g', lw=2, linestyle='-')
ax.set_ylabel("$σ_z$ (kPa)", fontsize=8)
ax.set_xlabel("深度 $z$ (m)", fontsize=8)
plt.grid()
graph = '均布矩形荷载面积角点下竖向附加应力'
plt.title(graph, fontsize=10)
plt.show()
fig.savefig(graph, dpi=600, facecolor="#f1f1f1")


dt = datetime.now()
localtime = dt.strftime('%Y-%m-%d  %H:%M:%S ')
print('-'*m)
print("本计算书生成时间 :", localtime)


filename = '均布矩形荷载面积角点下竖向附加应力.docx'
with open(filename,'w',encoding = 'utf-8') as f:
    f.write(f'长宽比              l/b = {l/b:<.1f}\n')
    f.write(f'深宽比              z/b = {z/b:<.1f}\n')
    f.write(f'附加应力系数        α0 = {α0:<.3f}\n')
    f.write(f'基底压力             p = {p:<.1f} kPa\n')
    f.write(f'基底角点下附加压力    σz = {σz:<.1f} kPa\n')
    f.write(f'本计算书生成时间 : {localtime}')
```

```
if __name__ == "__main__":
    m = 50
    print('='*m)
    main()
    print('='*m)
```

1.6.3 输出结果

运行代码清单 1-6，可以得到输出结果 1-6。输出结果 1-6 中：❶为附加应力系数值；❷为附加应力值。

输 出 结 果 1-6

长宽比	l/b = 2.0	
深宽比	z/b = 0.4	
应力系数	α0 = 0.244	❶
基底压力	p = 100.0 kPa	
基底中心下附加压力	σz = 24.4 kPa	❷

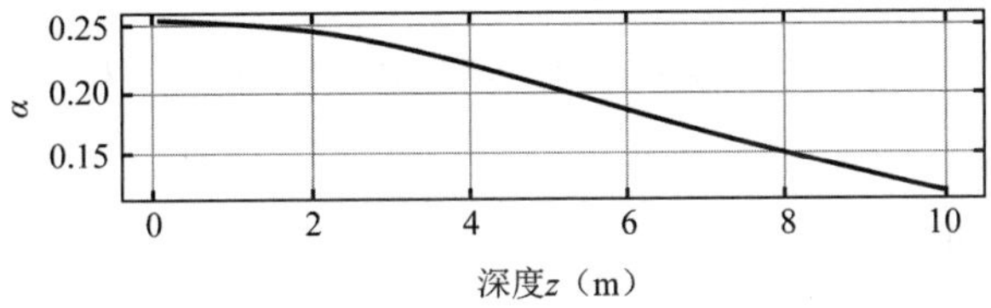

角点下竖向附加应力系数

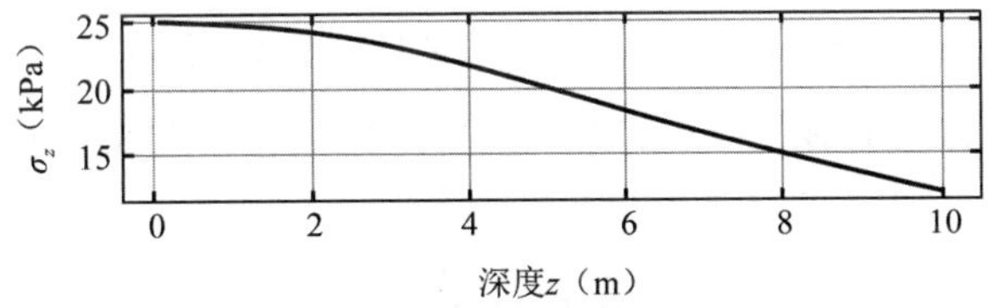

均布矩形荷载面积角点下竖向附加应力

1.7 矩形面积三角形荷载顶点处角点下附加应力

1.7.1 项目描述

矩形面积三角形荷载角点下附加应力系数计算简图见图 1-3，微元面积$dA = dx\,dy$，集中力dp在O点下任意点M处引起的竖向附加应力为：

$$\mathrm{d}\sigma_z = \frac{3q}{2\pi b} \cdot \frac{xz^3}{(x^2 + y^2 + z^2)^{\frac{5}{2}}} \mathrm{d}x\,\mathrm{d}y \tag{1-4}$$

$$\sigma_z = \int_0^l \int_0^b \mathrm{d}\sigma_z = \int_0^l \int_0^b \frac{3q}{2\pi b} \cdot \frac{xz^3}{(x^2 + y^2 + z^2)^{\frac{5}{2}}} \mathrm{d}x\,\mathrm{d}y \tag{1-5}$$

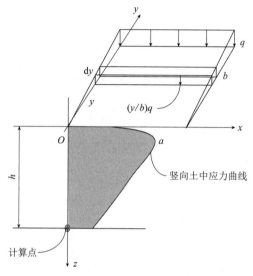

图 1-3 矩形面积竖向三角形荷载时的附加应力

1.7.2 项目代码

本计算程序可以计算土的附加应力系数。代码清单 1-7 中：❶为矩形面积下函数；❷为二重积分长度方向的范围；❸为二重积分函数的积分下限；❹为二重积分函数的积分上限；❺为二重积分函数；❻为矩形面积下的附加应力系数；❼为附加应力计算值。具体见代码清单 1-7。

代 码 清 单	1-7

```python
# -*- coding: utf-8 -*-
from scipy import integrate
from math import pi
from datetime import datetime
import numpy as np


def main():
    '''                 l, b, z,  press '''
    l, b, z, press = 5, 5, 2, 100
    def f(x,y):                                    ❶
```

```
        return (x*z**3)/(x**2+y**2+z**2)**(5/2)

    a, c = 0, l                                    ❷
    g = lambda x: 0                                ❸
    h = lambda x: b                                ❹
    db = integrate.dblquad(f, a, c, g, h)          ❺
    α0 = db[0]*3/(2*pi*b)                           ❻
    σz = α0*press                                   ❼


    print(f'长宽比                     l/b = {l/b:<3.1f}')
    print(f'深宽比                     z/b = {z/b:<3.1f}')
    print(f'三角形荷载顶点处角点下附加应力系数 α0 = {α0:<3.4f}')
    print(f'基底压力                   p = {press:<3.3f} kPa')
    print(f'三角形荷载顶点处角点下附加压力   σz = {σz:<3.3f} kPa')


    dt = datetime.now()
    localtime = dt.strftime('%Y-%m-%d  %H:%M:%S ')
    print('-'*m)
    print("本计算书生成时间 :", localtime)


    filename = '矩形面积三角形荷载顶点处角点下附加压力.docx'
    with open(filename,'w',encoding = 'utf-8') as f:
        f.write(f'长宽比                     l/b = {l/b:<3.1f}\n')
        f.write(f'深宽比                     z/b = {z/b:<3.1f}\n')
        f.write(f'附加应力系数              α0 = {α0:<3.4f}\n')
        f.write(f'基底压力                   p = {press:<3.3f} kPa\n')
        f.write(f'三角形荷载顶点处角点下附加压力  σz = {σz:<3.3f} kPa\n')
        f.write(f'本计算书生成时间 : {localtime}')


if __name__ == "__main__":
    m = 50
    print('='*m)
    main()
    print('='*m)
```

1.7.3 输出结果

运行代码清单 1-7，可以得到输出结果 1-7。输出结果 1-7 中：❶为附加应力系数值；
❷为附加应力值。

长宽比	l/b = 1.0	
深宽比	z/b = 0.4	
三角形荷载顶点处角点下附加应力系数	α0 = 0.0531	❶
基底压力	p = 100.000 kPa	
三角形荷载顶点处角点下附加压力	σz = 5.313 kPa	❷

1.8　矩形面积三角形荷载底边处角点下附加应力

1.8.1　项目描述

关于矩形面积均布荷载角点下附加应力的项目描述与 1.6.1 节相同，不再赘述。关于矩形面积三角形荷载顶点处角点下附加应力的项目描述与 1.7.1 节相同，不再赘述。求取矩形面积三角形荷载底边处角点下附加应力，可用竖向均布荷载与竖向三角形荷载叠加而得。

1.8.2　项目代码

本计算程序可以计算矩形面积三角形荷载底边处角点下附加应力。代码清单 1-8 中：❶为矩形面积均布荷载下的附加应力系数函数；❷为矩形面积均布荷载下的附加应力系数公式；❸为矩形面积均布荷载下的附加应力系数二重积分函数值；❹为三角形面积下的附加应力系数函数；❺为三角形面积下的附加应力系数公式；❻为三角形面积下的附加应力系数二重积分函数值；❼为以上定义函数的参数赋初始值；❽为矩形面积均布荷载下的附加应力系数值；❾为矩形面积三角形荷载顶点处角点下附加应力系数值；❿为矩形面积三角形荷载底边处角点下附加应力系数值。具体见代码清单 1-8。

```
# -*- coding: utf-8 -*-
from scipy import integrate
from math import pi
from datetime import datetime


def rectangular_load(l, b, z, press):        ❶
    def f(x,y):
        return (x*z**3)/(x**2+y**2+z**2)**(5/2)    ❷
    a, c = 0, l
    g = lambda x: 0
```

```
        h = lambda x: b
        db = integrate.dblquad(f, a, c, g, h)      ❸
        α0 = db[0]*3/(2*pi*b)
        σz = α0*press
        return α0, σz


def triangular_load(l, b, z, press):               ❹
        def f(x,y):
            return 1/((b/2-x)**2+(l/2-y)**2+z**2)**(5/2)      ❺
        a, c = -l/2, l/2
        g = lambda x: -b/2
        h = lambda x: b/2
        db = integrate.dblquad(f, a, c, g, h)      ❻
        α0 = db[0]*(3*z**3)/(2*pi)
        σz = α0*press
        return α0, σz


def main():
        '''                    l, b, z, press '''      ❼
        l, b, z, press = 5, 5, 2, 100
        α01, σz1 = rectangular_load(l, b, z, press)      ❽
        print(f'长宽比                  l/b = {l/b:<3.1f}')
        print(f'深宽比                  z/b = {z/b:<3.1f}')
        print(f'基底压力                   p = {press:<3.3f} kPa')
        print('-'*m)
        print(f'矩形荷载顶点处角点下附加应力系数 α0 = {α01:<3.4f}')
        print(f'矩形荷载顶点处角点下附加压力     σz = {σz1:<3.3f} kPa')
        print('-'*m)


        α02, σz2 = triangular_load(l, b, z, press)      ❾
        print(f'三角形荷载角点下附加应力系数     α0 = {α02:<3.4f}')
        print(f'三角形荷载角点下附加压力         σz = {σz2:<3.3f} kPa')
        print('-'*m)


        α0, σz = α02-α01, σz2-σz1      ❿
        print(f'三角形荷载底边处角点下附加应力系数 α0 = {α0:<3.4f}')
        print(f'三角形荷载底边处角点下附加压力     σz = {σz:<3.3f} kPa')


        dt = datetime.now()
        localtime = dt.strftime('%Y-%m-%d  %H:%M:%S ')
```

```
    print('-'*m)
    print("本计算书生成时间 :", localtime)

    filename = '矩形面积三角形荷载底边处角点下附加压力.docx'
    with open(filename,'w',encoding = 'utf-8') as f:
        f.write(f'长宽比                          l/b = {l/b:<3.1f}\n')
        f.write(f'深宽比                          z/b = {z/b:<3.1f}\n')
        f.write(f'三角形荷载底边处角点下附加应力系数 α0 = {α0:<3.4f}\n')
        f.write(f'基底压力                        p = {press:<3.3f} kPa\n')
        f.write(f'三角形荷载底边处角点下附加压力    σz = {σz:<3.3f} kPa\n')
        f.write(f'本计算书生成时间 : {localtime}')

if __name__ == "__main__":
    m = 50
    print('='*m)
    main()
    print('='*m)
```

1.8.3 输出结果

运行代码清单 1-8，可以得到输出结果 1-8。输出结果 1-8 中：❶为算得的三角形荷载顶点处角点下附加应力系数值；❷为算出的矩形荷载角点下附加应力系数；❸为算得的三角形荷载底边处角点下附加应力系数。

	输 出 结 果	1-8
长宽比	l/b = 1.0	
深宽比	z/b = 0.4	
基底压力	p = 100.000 kPa	
--		
三角形荷载顶点处角点下附加应力系数	α0 = 0.0531	❶
三角形荷载顶点处角点下附加压力	σz = 5.313 kPa	
--		
矩形荷载角点下附加应力系数	α0 = 0.2401	❷
矩形荷载角点下附加压力	σz = 24.010 kPa	
--		
三角形荷载底边处角点下附加应力系数	α0 = 0.1870	❸
三角形荷载底边处角点下附加压力	σz = 18.697 kPa	

1.9 积分法求圆形荷载平均附加应力

1.9.1 项目描述

用积分法计算圆形荷载平均附加应力：

$$d\sigma_z = \frac{3pz^3}{2\pi} \cdot \frac{\rho \, d\theta \, d\rho}{(\rho^2 + z^2)^{\frac{5}{2}}} \tag{1-6}$$

$$\sigma_z = \int_0^{2\pi} \int_0^r d\sigma_z = \int_0^{2\pi} \int_0^r \frac{3pz^3}{2\pi} \cdot \frac{\rho \, d\theta \, d\rho}{(\rho^2 + z^2)^{\frac{5}{2}}} \tag{1-7}$$

1.9.2 项目代码

本计算程序可以计算土的附加应力。代码清单 1-9 中：❶为定义积分函数；❷为积分函数的角度积分区间；❸及❹为半径积分区间；❺为二重积分函数；❻为求取附加应力系数的公式；❼为指定深度处的附加应力值。具体见代码清单 1-9。

代 码 清 单	1-9

```
# -*- coding: utf-8 -*-
from scipy import integrate, pi
import numpy as np
from datetime import datetime
import matplotlib.pyplot as plt
from pylab import mpl
mpl.rcParams['axes.unicode_minus'] = False
import mpl_toolkits.axisartist as axisartist

def setup_axes(fig, rect):
    ax = axisartist.Subplot(fig, rect)
    fig.add_subplot(ax)
    return ax

def main():
    '''          R, z, p '''
    R, z, p = 3, 3, 100
    def f(ρ,φ):                                    ❶
```

```
        return ρ/(ρ**2+z**2)**(5/2)

    a, c = 0, 2*pi                              ❷
    g = lambda ρ: 0                             ❸
    h = lambda ρ: R                             ❹
    db = integrate.dblquad(f, a, c, g, h)       ❺
    αc = db[0]*(3*z**3)/(2*pi)                  ❻
    σz = αc*p                                    ❼

    print(f'径深比                   R/z = {R/z:<3.3f}')
    print(f'圆形面积中心点下附加应力系数 αc = {αc:<3.3f}')
    print(f'基底压力                 p = {p:<3.1f} kPa')
    print(f'圆形面积中心点下附加压力   σz = {σz:<3.1f} kPa')

    depth =  np.linspace(0.01, 15, 100)
    α1  = []
    σz1 = []
    for z in depth:
        db = integrate.dblquad(f, a, c, g, h)
        α0 = db[0]*(3*z**3)/(2*pi)
        α1.append(α0)
        σz1.append(α0*p)

    fig = plt.figure(0, figsize=(5.7, 4.6), facecolor = "#f1f1f1")
    fig.subplots_adjust(left=0.1, hspace=0.5)
    plt.rcParams['font.sans-serif'] = ['STsong']

    ax = fig.add_subplot(axisartist.Subplot(fig, 211))
    plt.plot(depth/R,α1, color='r', lw=2, linestyle='--')
    ax.set_ylabel("α", fontsize=9)
    ax.set_xlabel("z/R", fontsize=9)
    plt.grid()
    graph = '圆形面积中心点下附加应力系数 '
    plt.title(graph, fontsize = 9)

    ax = fig.add_subplot(axisartist.Subplot(fig, 212))
    plt.plot(depth/R,σz1, color='g',  lw=2, linestyle='-')
    ax.set_ylabel("$σ_z$ (kPa)", fontsize=9)
    ax.set_xlabel("z/R", fontsize=9)
    plt.grid()
```

```
graph = '圆形面积中心点下附加应力 '
plt.title(graph, fontsize=9)

plt.show()
fig.savefig(graph, dpi=600, facecolor="#f1f1f1")

dt = datetime.now()
localtime = dt.strftime('%Y-%m-%d  %H:%M:%S ')
print('-'*m)
print("本计算书生成时间 :", localtime)

filename = '圆形面积中心点下附加压力.docx'
with open(filename,'w',encoding = 'utf-8') as f:
    f.write(f'径深比                      R/z = {R/z:<3.3f}\n')
    f.write(f'圆形面积中心点下附加应力系数  αc = {αc:<3.3f}\n')
    f.write(f'基底压力                     p = {p:<3.1f} kPa\n')
    f.write(f'圆形面积中心点下附加压力      σz = {σz:<3.1f} kPa\n')
    f.write(f'本计算书生成时间 : {localtime}')

if __name__ == "__main__":
    m = 50
    print('='*m)
    main()
    print('='*m)
```

1.9.3 输出结果

运行代码清单 1-9，可以得到输出结果 1-9。输出结果 1-9 中：❶为附加应力系数；❷为计算点处附加压力。

输出结果	1-9

径深比   R/z = 1.000
圆形面积中心点下附加应力系数 αc = 0.646   ❶
基底压力   p = 100.0 kPa
圆形面积中心点下附加压力   σz = 64.6 kPa   ❷

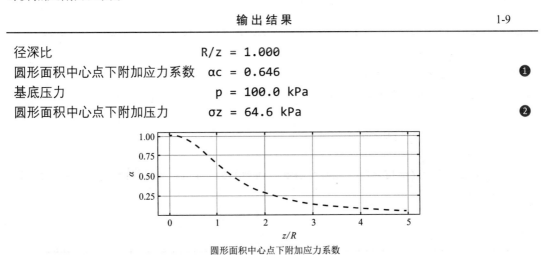

圆形面积中心点下附加应力系数

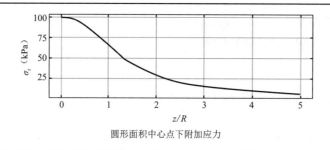

圆形面积中心点下附加应力

1.10 矩形面积上均布荷载作用下
绝对柔性基础角点沉降

1.10.1 项目描述

矩形面积上均布荷载作用下绝对柔性基础角点的沉降为：

$$S_c = \frac{(1-\mu^2)b}{\pi E}\left[m\ln\frac{1+\sqrt{m^2+1}}{m} + \ln\left(m+\sqrt{m^2+1}\right)\right]p_0 \tag{1-8}$$

$$m = \frac{l}{b} \tag{1-9}$$

1.10.2 项目代码

本计算程序可以计算矩形面积上均布荷载作用下绝对柔性基础角点沉降。代码清单 1-10 中：❶为定义矩形面积上均布荷载作用下绝对柔性基础角点沉降函数；❷为定义的函数参数赋初始值。具体见代码清单 1-10。

代码清单 1-10

```python
# -*- coding: utf-8 -*-
from math import pi,sqrt,log2
from datetime import datetime


def rectangle(b,l,E,μ,p0):                          ❶
    m = l/b
    sc=(1-μ**2)*b/(pi*E)*(m*log2(((1+sqrt(m**2+1))/m))+log2(1+sqrt(m**2+1)))*p0
    return sc


def main():
```

```
print('\n',rectangle.__doc__,'\n')
'''                b,    l,    E,         μ,    p0    '''
b, l, E, μ, p0 = 2000, 5000, 2.0*10**4, 0.3, 156.3        ❷
sc = rectangle(b,l,E,μ,p0)
print(f'矩形面积上均布荷载作用下绝对柔性基础角点沉降 sc ={sc:<5.1f} mm')

dt = datetime.now()
localtime = dt.strftime('%Y-%m-%d  %H:%M:%S ')
print('-'*m)
print("本计算书生成时间 :", localtime)

filename = '矩形面积上均布荷载作用下绝对柔性基础角点沉降.docx'
with open(filename,'w',encoding = 'utf-8') as f:
    f.write('\n'+ rectangle.__doc__+'\n')
    f.write('计算结果: \n')
    f.write(f'矩形面积均布荷载作用绝对柔性基础角点沉降 sc={sc:<5.1f}mm \n')
    f.write(f'本计算书生成时间 : {localtime}')

if __name__ == "__main__":
    m = 50
    print('='*m)
    main()
    print('='*m)
```

1.10.3 输出结果

运行代码清单1-10，可以得到输出结果1-10。

输 出 结 果　　　　　　　　　　　　　　　　　　　1-10

矩形面积上均布荷载作用下绝对柔性基础角点沉降
矩形面积上均布荷载作用下绝对柔性基础角点沉降 sc = 14.9 mm

1.11　条形基础均匀荷载平均附加应力系数

1.11.1　项目描述

条形基础荷载平均附加应力系数为：

$$\bar{\alpha} = \frac{1}{z\pi}\left[\int_0^z \arctan\frac{x}{z}dz - \int_0^z \arctan\frac{x-b}{z}dz + \int_0^z \frac{xz}{x^2+z^2}dz - \int_0^z \frac{z(x-b)}{(x-b)^2+z^2}dz\right] \quad (1\text{-}10)$$

1.11.2　项目代码

本计算程序可以计算条形基础均匀荷载平均附加应力系数。代码清单 1-11 中：❶为计算条形基础中心点下的平均附加应力系数；❷为定义函数$\arctan\frac{x}{z}$；❸为定义函数$\arctan\frac{x-b}{z}$；❹为定义函数$\frac{xz}{x^2+z^2}$；❺为定义函数$\frac{z(x-b)}{(x-b)^2+z^2}$；❻为计算指定深度处条形基础中心点下均匀荷载平均附加应力系数；❼给出需要计算的深度值的列表（注意基础底面下不能直接给出 0 值，可以给出接近 0 值的数值，如代码清单中的 0.01m）。具体见代码清单 1-11。

代 码 清 单   1-11

```python
# -*- coding: utf-8 -*-
from math import pi, atan
from datetime import datetime
import numpy as np
from scipy import integrate

def α_avg0(l,b,z):
    x = 0.5*b                                    ❶

    def f(z):                                    ❷
        return atan(x/z)
    def g(z):                                    ❸
        return atan((x-b)/z)
    def h(z):                                    ❹
        return atan(x*z/(x**2+z**2))
    def j(z):                                    ❺
        return atan((x-b)*z/(x**2+z**2))

    da = integrate.quad(f, 0, z)
    db = integrate.quad(g, 0, z)
    dc = integrate.quad(h, 0, z)
    dd = integrate.quad(j, 0, z)
    α_avg = (da[0] - db[0] + dc[0]- dd[0]) /(z*pi)    ❻
    return α_avg

def main():
```

```
l, b = 26, 2
z = np.array([ 0.01, 2.8, 5.6, 7.3, 8.6])                    ❼

α_avg = [α_avg0(l,b,zz) for v,zz in enumerate(z)]
for v, k in zip(z, α_avg):
    print(f'深度 z = {v:<2.1f} m ; 平均附加应力系数 α = {k:<3.3f}')

fig = plt.figure(0, figsize=(5.7, 3.1), facecolor = "#f1f1f1")
fig.subplots_adjust(left=0.15, hspace=0.9)
plt.rcParams['font.sans-serif'] = ['STsong']

ax = fig.add_subplot(axisartist.Subplot(fig, 111))
x1, x2, y1, y2 = 0, max(z)+1, 0, max(α_avg)+0.01
plt.axis([x1,x2,y1,y2])
plt.axis('on')

xmin, xmax, dx = x1, x2, max(z)*0.05
ymin, ymax, dy = y1, y2, max(α_avg)*0.2
plt.xticks(np.arange(xmin,xmax,dx))
plt.yticks(np.arange(ymin,ymax,dy))

plt.plot(z,α_avg, color='r', lw=2, linestyle='-')
ax.set_ylabel("$α$", fontsize=8)
ax.set_xlabel("深度 $z$ (m)", fontsize=8)
plt.grid()
graph = '条形基础荷载平均附加应力系数'
plt.title(graph, fontsize=10)
plt.show()
fig.savefig(graph, dpi=600, facecolor="#f1f1f1")

dt = datetime.now()
localtime = dt.strftime('%Y-%m-%d  %H:%M:%S ')
print('-'*m)
print("本计算书生成时间 :", localtime)

filename = '条形基础荷载平均附加应力系数.docx'
with open(filename,'w',encoding = 'utf-8') as f:
    f.write('计算结果: \n')
    for v, k in zip(z, α_avg):
        f.write(f'深度 z={v:<2.1f}m ;平均附加应力系数 α={k:<3.3f}\n')
```

```
        f.write(f'本计算书生成时间 : {localtime}')

if __name__ == "__main__":
    m = 50
    print('='*m)
    main()
    print('='*m)
```

1.11.3 输出结果

运行代码清单 1-11，可以得到输出结果 1-11。

输 出 结 果   1-11

深度 z = 0.0 m ; 平均附加应力系数 α = 1.000
深度 z = 2.8 m ; 平均附加应力系数 α = 0.701
深度 z = 5.6 m ; 平均附加应力系数 α = 0.500
深度 z = 7.3 m ; 平均附加应力系数 α = 0.429
深度 z = 8.6 m ; 平均附加应力系数 α = 0.388

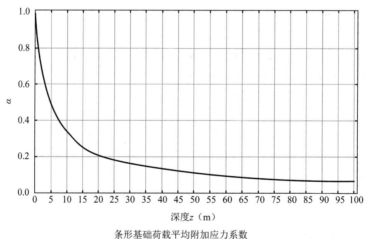

条形基础荷载平均附加应力系数

1.12 矩形荷载作用下压缩模量当量值

1.12.1 项目描述

根据《建筑地基基础设计规范》（GB 50007—2011）第 5.3.6 条，压缩模量当量值计算见流程图 1-2。

流程图 1-2　多层土压缩模量当量值E_s计算

$$\overline{\alpha} = \frac{1}{2\pi z}\left[\int_0^z \arctan\frac{lb}{z\sqrt{b^2+l^2+z^2}}\,\mathrm{d}z + bl\int_0^z \frac{z}{\sqrt{b^2+l^2+z^2}}\left(\frac{1}{l^2+z^2}+\frac{1}{b^2+z^2}\right)\mathrm{d}z\right] \qquad (1\text{-}11)$$

1.12.2　项目代码

本计算程序可以计算压缩模量当量值。代码清单 1-12 中：❶为定义均布矩形荷载作用下中心点的平均附加应力系数的函数[见式(1-11)]；❷为定义$\arctan\frac{lb}{z\sqrt{b^2+l^2+z^2}}\,\mathrm{d}z$的函数；❸为定义$\frac{z}{\sqrt{b^2+l^2+z^2}}\left(\frac{1}{l^2+z^2}+\frac{1}{b^2+z^2}\right)\mathrm{d}z$的函数；❹为一重积分求出均布矩形荷载作用下中心点的平均附加应力系数值；❺及其下两行代码为以上函数赋初始值；❻为计算深度非 0 时的平均附加应力系数值；❼为插入深度为 0 时的平均附加应力系数值；❽为计算$z\overline{\alpha}$的值；❾为计算$z_i\overline{\alpha}_i - z_{i-1}\overline{\alpha}_{i-1}$值；❿为计算压缩模量当量值$\overline{E}_s = \frac{\sum A_i}{\sum \frac{A_i}{E_{si}}}$。具体见代码清单 1-12。

代 码 清 单　　　　　　　　　　　1-12

```
# -*- coding: utf-8 -*-
from math import pi, sqrt, atan
from datetime import datetime
import numpy as np
from scipy import integrate


def α_avg0(l,b,z):                              ❶
    def f(z):                                   ❷
        return atan(l*b/(z*sqrt(b**2+l**2+z**2)))
    def g(z):                                   ❸
        return z/(sqrt(b**2+l**2+z**2))*(1/(l**2+z**2)+1/(b**2+z**2))
    da = integrate.quad(f,0,z)
    db = integrate.quad(g,0,z)
    α_avg = (da[0]/(2*pi*z) + db[0]*l*b/(2*pi*z)) * 4    ❹
```

```
        return α_avg

def main():
    l, b, = 2.4, 1.6                                    ❺
    Esi = np.array([3.66, 2.60, 6.2, 6.2])
    z = np.array([0.0, 2.4, 5.6, 7.4, 8.0])

    α_avg = [α_avg0(l,b,zz) for v,zz in enumerate(z) if v > 0]    ❻
    α_avg.insert(0, 1.0)                                 ❼
    α = np.array(α_avg)

    zα= np.array(z)*α                                    ❽
    a = [zα[k]-zα[k-1] for k,y in enumerate(zα) if k > 0]    ❾

    Ai = np.array(a)
    Ei = sum(Ai)/sum(Ai/Esi)                             ❿

    print(f'沉降系数积分值 sum(Ai) = {sum(Ai):<5.3f} ')
    print(f'压缩模量当量值      Ei = {Ei:<5.3f} MPa')

    dt = datetime.now()
    localtime = dt.strftime('%Y-%m-%d  %H:%M:%S ')
    print('-'*m)
    print("本计算书生成时间 :", localtime)

    filename = '压缩模量当量值.docx'
    with open(filename,'w',encoding = 'utf-8') as f:
        f.write('计算结果：\n')
        f.write(f'压缩模量当量值   Ei = {Ei:<5.3f} MPa \n')
        f.write(f'本计算书生成时间 : {localtime}')

if __name__ == "__main__":
    m = 50
    print('='*m)
    main()
    print('='*m)
```

1.12.3 输出结果

运行代码清单 1-12，可以得到输出结果 1-12。

沉降系数积分值 sum(Ai) = 3.459
压缩模量当量值　　Ei = 3.361 MPa

1.13　《建筑地基基础设计规范》中的
地基沉降计算

1.13.1　项目描述

根据《建筑地基基础设计规范》（GB 50007—2011）第 5.3.1 条，地基沉降计算见流程图 1-3。

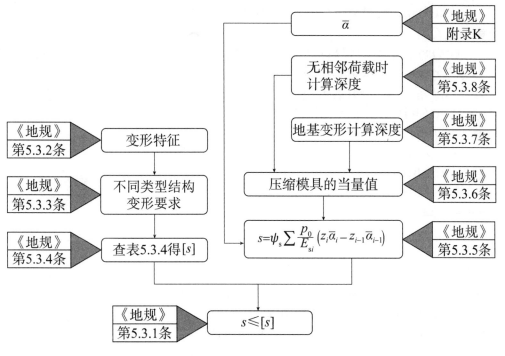

流程图 1-3　地基沉降计算

1.13.2　项目代码

本计算程序可以计算地基沉降量。代码清单 1-13 中：❶为定义均布矩形荷载作用下中心点的平均附加应力系数的函数[见式(1-12)]；❷为定义 $\arctan \frac{lb}{z\sqrt{b^2+l^2+z^2}}dz$ 的函数；❸为定义 $\frac{z}{\sqrt{b^2+l^2+z^2}}\left(\frac{1}{l^2+z^2}+\frac{1}{b^2+z^2}\right)dz$ 的函数；❹为定义附加应力的函数；❺及其下两行代码为以上函数赋初始值；❻为计算深度非 0 时的平均附加应力系数值；❼为插入深度为 0 时的平均附加应力系数值；❽为计算$z\overline{\alpha}$的值；❾为计算$z_i\overline{\alpha}_i - z_{i-1}\cdot\overline{\alpha}_{i-1}$的值；❿为计算中心沉降值。具体见代码清单 1-13。

代 码 清 单

1-13

```python
# -*- coding: utf-8 -*-
from math import pi, sqrt, atan
from datetime import datetime
import numpy as np
from scipy import integrate


def α_avg0(l,b,z):                              ❶
    l = l/2
    b = b/2
    def f(z):                                   ❷
        return atan(l*b/(z*sqrt(b**2+l**2+z**2)))
    def g(z):                                   ❸
        return z/(sqrt(b**2+l**2+z**2))*(1/(l**2+z**2)+1/(b**2+z**2))
    da = integrate.quad(f,0,z)
    db = integrate.quad(g,0,z)
    α_avg = (da[0]/(2*pi*z) + db[0]*l*b/(2*pi*z)) * 4
    return α_avg


def p(Fk,γ,l,b,d):                              ❹
    p0 = (Fk+20*l*b*d)/(l*b)-γ*d
    return p0


def main():
    '''                Fk,   γ,   l,    b,   d '''
    Fk, γ, l, b, d = 1800, 18, 4.8, 3.2, 1.5      ❺
    Esi = np.array([3.66, 2.60, 6.2, 6.2])
    z = np.array([0.0, 2.4, 5.6, 7.4, 8.0])

    α_avg = [α_avg0(l,b,zz) for v,zz in enumerate(z) if v > 0]    ❻
    α_avg.insert(0, 1.0)                        ❼
    α = np.array(α_avg)

    zα= np.array(z)*α                           ❽
    a = [zα[k]-zα[k-1] for k,y in enumerate(zα) if k > 0]         ❾

    p0 =p(Fk,γ,l,b,d)
```

```
        Ai = np.array(a)
        Ei = sum(Ai)/sum(Ai/Esi)
        s = ψs*p0/sum(Ai/Esi)                          ❿

        print(f'沉降系数积分值 sum(Ai) = {sum(Ai):<5.3f} ')
        print(f'压缩模量当量值        Ei = {Ei:<5.3f} MPa')
        print(f'基础中点最终沉降值     s = {s:<5.1f} mm')

        dt = datetime.now()
        localtime = dt.strftime('%Y-%m-%d  %H:%M:%S ')
        print('-'*m)
        print("本计算书生成时间 :", localtime)

        filename = '基础中心点的沉降值.docx'
        with open(filename,'w',encoding = 'utf-8') as f:
            f.write('计算结果: \n')
            f.write(f'压缩模量当量值        Ei = {Ei:<5.3f} MPa \n')
            f.write(f'基础中点最终沉降值     s = {s:<5.1f} mm \n')
            f.write(f'本计算书生成时间 : {localtime}')

if __name__ == "__main__":
    m = 50
    print('='*m)
    main()
    print('='*m)
```

1.13.3　输出结果

运行代码清单 1-13，可以得到输出结果 1-13。

输 出 结 果　1-13

```
沉降系数积分值 sum(Ai) = 3.459
压缩模量当量值        Ei = 3.361 MPa
基础中点最终沉降值     s = 122.6 mm
```

|第2章|

土压力与挡土结构

2.1 静止土压力

2.1.1 项目描述

常见作用有土压力的挡土结构，见图 2-1。

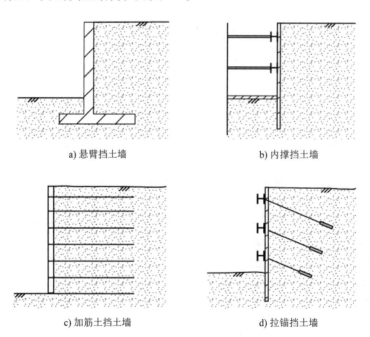

a) 悬臂挡土墙   b) 内撑挡土墙

c) 加筋土挡土墙   d) 拉锚挡土墙

图 2-1 常见的作用有土压力的挡土结构

作用在挡土墙上的土压力是静止土压力、主动土压力还是被动土压力，是根据墙体位移确定的。图 2-2 所示为墙体位移与三种土压力。

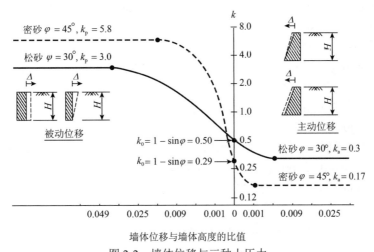

图 2-2 墙体位移与三种土压力

当墙身不动时，墙后填土处于弹性平衡状态，墙体上作用有静止土压力。静止土压力强度为：

$$p_0 = k_0 \gamma z \tag{2-1}$$

静止土压力系数k_0，一般应通过试验确定，无试验资料时，可按参考值选取；砂性土的k_0值为 0.35～0.45；黏性土的k_0值为 0.5～0.7，也可利用半经验公式(2-2)计算：

$$k_0 = 1 - \sin \varphi' \tag{2-2}$$

由公式(2-1)可知，静止土压力沿墙高呈三角形分布，方向垂直指向墙背。合力P_0的作用点在距离墙底$h/3$处。取单位墙长计算，则作用在墙背上的总静止土压力为：

$$P_0 = \frac{1}{2} \gamma h^2 k_0 \tag{2-3}$$

2.1.2 项目代码

本计算程序可以计算静止土压力。代码清单 2-1 中：❶为定义静止土压力系数；❷为❼处输入数字 0 时，采用砂性土的静止土压力系数的计算公式；❸为❼处输入数字 1 时，采用黏性土的静止土压力系数的计算公式；❹为❼处输入数字 2 时，采用超固结黏性土的静止土压力系数的计算公式；❺为定义静止土压力函数；❻给出函数计算参数的初始值；❼为输入土的类型。具体见代码清单 2-1。

代 码 清 单 2-1

```
# -*- coding: utf-8 -*-
from math import sin,radians
from datetime import datetime


def k(φ,category):                              ❶
```

```python
    if category == 0:                              ❷
        print('土质为：砂性土')
        k0 = 1-sin(φ)
    elif category == 1:                            ❸
        print('土质为：黏性土')
        k0 = 0.95-sin(φ)
    elif category == 2:                            ❹
        print('土质为：超固结黏性土')
        OCR = float(input("输入土的 OCR 值： "))
        k0 = OCR*(1-sin(φ))
    else:
        print('输入的数值应该为 0、1、2.')
    return k0


def E0(γ,h,k0):                                    ❺
    ψa = 1.0*(h<=5.0) + 1.1*(5.0<h<8.0) + 1.2*(8.0<h)
    E0 = 0.5*ψa*k0*γ*h**2
    return E0, ψa


def main():
    print('\n',E0.__doc__)
    '''          γ,     h,    φ  '''                ❻
    γ, h, φ = 19.0, 5.6, 50
    category=int(input("输入土质代号：0-砂性土；1-黏性土；2-超固结黏性土: "))   ❼
    φ = radians(φ)
    k0 = k(φ,category)
    E01, ψa1 = E0(γ,h,k0)

    print(f'静止土压力系数        k0 = {k0:<3.2f} ')
    print(f'土压力增大系数        ψa = {ψa1:<3.2f} ')
    print(f'静止土压力            E0 = {E01:<3.2f} kN')

    dt = datetime.now()
    localtime = dt.strftime('%Y-%m-%d  %H:%M:%S')
    print('-'*m)
    print("本计算书生成时间 :", localtime)

    filename = '静止土压力计算.docx'
    with open(filename,'w',encoding = 'utf-8') as f:
        f.write('\n'+ E0.__doc__+'\n')
```

```
        f.write('计算结果：\n')
        f.write(f'静止土压力系数        ka = {k0:<3.2f}\n')
        f.write(f'土压力增大系数        ψa = {ψa1:<3.2f}\n')
        f.write(f'静止土压力           E0 = {E01:<3.2f} kN\n')
        f.write(f'本计算书生成时间 : {localtime}')

if __name__ == "__main__":
    m = 45
    print('='*m)
    main()
    print('='*m)
```

2.1.3 输出结果

运行代码清单 2-1，可以得到输出结果 2-1。输出结果 2-1 中：❶为输入的土质代号（根据代码清单 2-1 中的❼提示输入）；❷为静止土压力系数值；❸为墙体高于 5m 时的土压力增大系数（根据《地规》）；❹为静止土压力值。

输 出 结 果	2-1

```
--- 静止土压力计算 ---
输入土质代号：0--砂性土；1--黏性土；2--超固结黏土：1          ❶
土质为：黏性土
静止土压力系数      k0 = 0.18          ❷
土压力增大系数      ψa = 1.10          ❸
静止土压力         E0 = 60.28 kN      ❹
```

2.2 朗肯主动土压力

2.2.1 项目描述

（1）填土为黏性土时

填土为黏性土时的朗肯主动土压力为：

$$p_a = \gamma z \tan^2\left(45° - \frac{\varphi}{2}\right) - 2c \cdot \tan\left(45° - \frac{\varphi}{2}\right) = \gamma z k_a - 2c \cdot \sqrt{k_a} \tag{2-4}$$

$$k_a = \tan^2\left(45° - \frac{\varphi}{2}\right) \tag{2-5}$$

由公式(2-4)可知，主动土压力 p_a 沿深度 z 呈直线分布，见图 2-3。

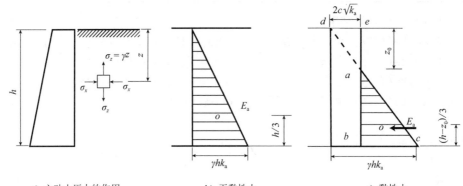

a) 主动土压力的作用　　　b) 无黏性土　　　c) 黏性土

图 2-3　黏性土主动土压力分布图

压力为零的深度z_0：

$$z_0 = \frac{2c}{\gamma\sqrt{k_a}} \tag{2-6}$$

墙背所受总主动土压力为P_a，其值为土压力分布图中的阴影部分面积，即：

$$P_a = \frac{1}{2}\left(\gamma h k_a - 2c\sqrt{k_a}\right)(h - z_0) = \frac{1}{2}\gamma h^2 k_a - 2ch\sqrt{k_a} + \frac{2c^2}{\gamma} \tag{2-7}$$

（2）填土为无黏性土（砂性土）时

根据极限平衡条件关系方程式，主动土压力为：

$$p_a = \gamma z \tan^2\left(45° - \frac{\varphi}{2}\right) = \gamma z k_a \tag{2-8}$$

墙背上所受的总主动土压力为三角形的面积，P_a的作用方向应垂直墙背，作用点在距墙底$h/3$处。

$$P_a = \frac{1}{2}\gamma h^2 k_a \tag{2-9}$$

2.2.2　项目代码

本计算程序可以计算朗肯主动土压力。代码清单 2-2 中：❶为定义主动土压力系数的函数；❷为确定深度z_0的函数；❸为定义朗肯主动土压力的函数；❹为以上定义的各个函数所用参数赋初始值；❺为绘制$\varphi - k_a$曲线的代码块起始位置。具体见代码清单 2-2。

代码清单　　　　　　　　　　　　　　　　　　　　2-2

```
# -*- coding: utf-8 -*-
from math import  sqrt,radians,pi,tan
import numpy as np
from datetime import datetime
import matplotlib.pyplot as plt


def ka1(φ):                                    ❶
    ka= (tan(pi/4-φ/2))**2
```

```
        return ka

def z(c,γ,φ):                              ❷
    z0 = 2*c/(γ*tan(pi/4-φ/2))
    return z0

def Ea1(γ,h,c,z0,ka):                      ❸
    Ea = 0.5*γ*h**2*ka-2*c*h*sqrt(ka)+2*c**2/γ
    return Ea

def main():
    '''              γ,     h,    c,    φ  '''
    γ, h, c, φ = 18.0, 5.0, 16, 20         ❹
    φ = radians(φ)
    z0 = z(c,γ,φ)
    ka = ka1(φ)
    Ea0 = Ea1(γ,h,c,z0,ka)

    print(f'临界深度              z0 = {z0:<3.2f} m')
    print(f'作用点的位置             {(h-z0)/3:<3.2f} m')
    print(f'主动土压力系数        ka = {ka:<3.2f} ')
    print(f'主动土压力            Ea = {Ea0:<3.2f} kN/m ')

    fig, ax = plt.subplots(figsize=(5.7,3.2))          ❺
    plt.rcParams['font.sans-serif'] = ['STsong']
    φmax = np.linspace(0,45,100)
    ka2 = [ka1(radians(φ)) for φ in φmax]

    plt.plot(φmax,ka2, color='r', linewidth=2, linestyle='-',label='φ-ka')
    plt.xlabel("$φ(°)$",fontsize=9)
    plt.ylabel("$k_a$ ",fontsize=9)
    plt.title('$φ-k_a$', fontsize=10)

    plt.grid()
    plt.show()
    graph = '朗肯主动土压力系数'
    fig.savefig(graph, dpi=600, facecolor="#f1f1f1")

    dt = datetime.now()
    localtime = dt.strftime('%Y-%m-%d  %H:%M:%S')
```

```
print('-'*m)
print("本计算书生成时间 :", localtime)

filename = '朗肯主动土压力计算.docx'
with open(filename,'w',encoding = 'utf-8') as f:
    f.write('计算结果: \n')
    f.write(f'临界深度                z0 = {z0:<3.2f} m\n')
    f.write(f'作用点的位置               {(h-z0)/3:<3.2f} m\n')
    f.write(f'主动土压力系数         ka = {ka:<3.2f}\n')
    f.write(f'主动土压力            Ea = {Ea0:<3.2f} kN/m \n')
    f.write(f'本计算书生成时间 : {localtime}')

if __name__ == "__main__":
    m = 45
    print('='*m)
    main()
    print('='*m)
```

2.2.3 输出结果

运行代码清单 2-2，可以得到输出结果 2-2。输出结果 2-2 中：❶为深度z_0值；❷为作用点的位置数值；❸为主动土压力系数值；❹为主动土压力值。

输 出 结 果

2-2

```
深度                z0 = 2.54 m          ❶
作用点的位置            0.82 m            ❷
主动土压力系数        ka = 0.49           ❸
主动土压力          Ea = 26.73 kN/m       ❹
```

$\varphi - k_a$关系曲线图

2.3 朗肯被动土压力

2.3.1 项目描述

填土为黏性土时，被动土压力为：

$$p_{\mathrm{p}} = \gamma z \tan^2\left(45° + \frac{\varphi}{2}\right) + 2c \cdot \tan\left(45° + \frac{\varphi}{2}\right) = \gamma z k_{\mathrm{p}} + 2c\sqrt{k_{\mathrm{p}}} \tag{2-10}$$

填土为无黏性土时，被动土压力为：

$$p_{\mathrm{p}} = \gamma z \tan^2\left(45° + \frac{\varphi}{2}\right) = \gamma z k_{\mathrm{p}} \tag{2-11}$$

被动土压力系数为：

$$k_{\mathrm{p}} = \tan^2\left(45° + \frac{\varphi}{2}\right) \tag{2-12}$$

填土为黏性土时，总被动土压力为：

$$P_{\mathrm{p}} = \frac{1}{2}\gamma h^2 k_{\mathrm{p}} + 2chk_{\mathrm{p}} \tag{2-13}$$

填土为无黏性土时，总被动土压力为：

$$P_{\mathrm{p}} = \frac{1}{2}\gamma h^2 k_{\mathrm{p}} \tag{2-14}$$

2.3.2 项目代码

本计算程序可以计算朗肯被动土压力。代码清单 2-3 中：❶为定义被动土压力系数的函数；❷为确定深度z_0的函数；❸为定义朗肯被动土压力的函数；❹为以上定义的各个函数参数赋初始值；❺为绘制φ–k_{p}曲线的代码块起始位置。具体见代码清单 2-3。

代码清单 2-3

```
# -*- coding: utf-8 -*-
from math import  sqrt,radians,pi,tan
import numpy as np
from datetime import datetime
import matplotlib.pyplot as plt

def kp1(φ):                                    ❶
    kp= (tan(pi/4+φ/2))**2
    return kp
```

```
def z(γ,h,c,kp,Ep):                            ❷
    if c == 0:
        z0 = h/3
    else:
        z0 = (2*c*h*sqrt(kp)*h/2+γ*h*kp*h/2*h/3)/Ep
    return z0

def Ep1(γ,h,c,kp):                             ❸
    Ep = 0.5*γ*h**2*kp+2*c*h*sqrt(kp)
    return Ep

def main():
    '''              γ,    h,   c,   φ '''
    γ, h, c, φ = 18.0, 5.0, 10, 22            ❹
    φ = radians(φ)
    kp = kp1(φ)
    Ep0 = Ep1(γ,h,c,kp)
    z0 = z(γ,h,c,kp,Ep0)

    print(f'临界深度              z0 = {z0:<3.2f} m')
    print(f'被动土压力系数         kp = {kp:<3.2f} ')
    print(f'被动土压力            Ep = {Ep0:<3.2f} kN/m')

    fig, ax = plt.subplots(figsize=(5.7,3.2))            ❺
    plt.rcParams['font.sans-serif'] = ['STsong']
    φmax = np.linspace(0,45,100)
    kp2 = [kp1(radians(φ)) for φ in φmax]

    plt.plot(φmax,kp2, color='r', linewidth=2, linestyle='-',label='φ-kp')
    plt.xlabel("$φ(°)$",fontsize=9)
    plt.ylabel("$k_p$ ",fontsize=9)
    plt.title('$φ-k_p$', fontsize=10)

    plt.grid()
    plt.show()
    graph = '朗肯被动土压力系数'
    fig.savefig(graph, dpi=600, facecolor="#f1f1f1")

    dt = datetime.now()
    localtime = dt.strftime('%Y-%m-%d  %H:%M:%S')
```

```
print('-'*m)
print("本计算书生成时间 :", localtime)

filename = '朗肯被动土压力计算.docx'
with open(filename,'w',encoding = 'utf-8') as f:
    f.write('计算结果：\n')
    f.write(f'临界深度            z0 = {z0:<3.2f} m \n')
    f.write(f'被动土压力系数      kp = {kp:<3.2f}\n')
    f.write(f'被动土压力          Ep = {Ep0:<3.2f} kN/m \n')
    f.write(f'本计算书生成时间 : {localtime}')

if __name__ == "__main__":
    m = 45
    print('='*m)
    main()
    print('='*m)
```

2.3.3 输出结果

运行代码清单 2-3，可以得到输出结果 2-3。输出结果 2-3 中：❶为作用点的位置数值；❷为被动土压力系数值；❸为被动土压力值。

输 出 结 果		2-3
作用点的位置	z0 = 1.86 m	❶
被动土压力系数	kp = 2.20	❷
被动土压力	Ep = 642.80 kN/m	❸

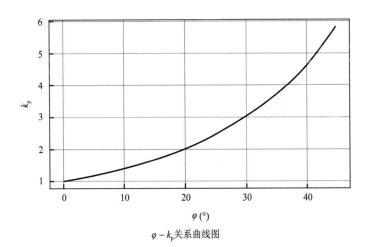

$\varphi - k_\mathrm{p}$关系曲线图

2.4 主动土压力（规范第 6.7.3 条）

2.4.1 项目描述

根据《建筑地基基础设计规范》（GB 50007—2011）第 6.7.3 条，重力式挡土墙土压力计算见流程图 2-1。

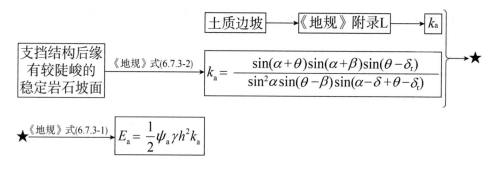

流程图 2-1 重力式挡土墙土压力计算

根据《建筑地基基础设计规范》（GB 50007—2011）第 6.7.3 条，有限填土挡土墙土压力计算示意见图 2-4。

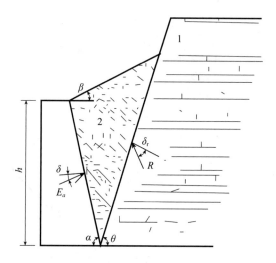

图 2-4 有限填土挡土墙土压力计算示意图

1-岩石边坡；2-填土

2.4.2 项目代码

本计算程序可以计算主动土压力。代码清单 2-4 中：❶为定义主动土压力系数的函数

［《地规》式(6.7.3-2)］；❷为定义确定深度z_0的函数；❸为定义主动土压力的函数［《地规》式(6.7.3-1)］；❹为以上定义的各个函数参数赋初始值。具体见代码清单 2-4。

代码清单　　　　　　　　　　　　　　　　　　2-4

```python
# -*- coding: utf-8 -*-
from math import sin,radians,pi,tan
from datetime import datetime

def ka1(α,β,θ,δ,δr):                          ❶
    ka_up = sin(α+θ)*sin(α+β)*sin(θ-δr)
    ka_down = sin(α)*sin(α)*sin(θ-β)*sin(α-δ+θ-δr)
    ka = ka_up/ka_down
    return ka

def z(c,γ,φ):                                 ❷
    z0 = 2*c/(γ*tan(pi/4-φ/2))
    return z0

def Ea1(γ,h,ka):                              ❸
    ψa = 1.0*(h<=5.0) + 1.1*(5.0<h<8.0) + 1.2*(8.0<h)
    Ea = 0.5*ψa*γ*h**2*ka
    return Ea, ψa

def main():
    print('\n',Ea1.__doc__,'\n')
    '''计算式采用角度、m制        γ,   h,   c, φ, α, β, θ, δ, δr'''
    γ, h, c, φ, α, β, θ, δ, δr = 18.0, 6.0, 15, 15, 60, 0, 75, 10, 10   ❹
    φ, α, β, θ, δ, δr = [radians(i) for i in [φ, α, β, θ, δ, δr]]

    z0 = z(c,γ,φ)
    ka = ka1(α,β,θ,δ,δr)
    Ea, ψa = Ea1(γ,h,ka)

    print(f'主动土压力系数          ka = {ka:<3.2f} ')
    print(f'临界深度              z0 = {z0:<3.2f} m')
    print(f'作用点的位置             {(h-z0)/3:<3.2f} m')
    print(f'土压力增大系数          ψa = {ψa:<3.2f} ')
    print(f'主动土压力            Ea = {Ea:<3.2f} kN/m')

    dt = datetime.now()
```

```
        localtime = dt.strftime('%Y-%m-%d  %H:%M:%S')
        print('-'*m)
        print("本计算书生成时间 :", localtime)

        filename = '挡土墙主动土压力计算.docx'
        with open(filename,'w',encoding = 'utf-8') as f:
            f.write('\n'+ Ea1.__doc__+'\n')
            f.write('计算结果: \n')
            f.write(f'主动土压力系数        ka = {ka:<3.2f}\n')
            f.write(f'土压力增大系数        ψa = {ψa:<3.2f}\n')
            f.write(f'主动土压力           Ea = {Ea:<3.2f} kN/m \n')
            f.write(f'本计算书生成时间 : {localtime}')

if __name__ == "__main__":
    m = 45
    print('='*m)
    main()
    print('='*m)
```

2.4.3　输出结果

运行代码清单 2-4，可以得到输出结果 2-4。输出结果 2-4 中：❶为计算主动土压力系数值；❷为z_0的数值；❸为作用点的位置；❹为土压力增大系数值；❺为主动土压力值。

输 出 结 果

2-4

```
--- 主动土压力计算-GB50007-式(6.7.3-1) 法---
主动土压力系数        ka = 0.85              ❶
                    z0 = 2.17 m            ❷
作用点的位置          1.28 m                ❸
土压力增大系数        ψa = 1.10              ❹
主动土压力           Ea = 301.26 kN/m       ❺
```

2.5　主动土压力（规范附录 L）

2.5.1　项目描述

《建筑地基基础设计规范》（GB 50007—2011）附录 L 中计算主动土压力的计算公式为：

$$k_a = \frac{\sin(\alpha+\beta)}{\sin^2\alpha\sin^2(\alpha+\beta-\varphi-\delta)} \times \{k_q[\sin(\alpha+\beta)\sin(\alpha-\delta)+\sin(\varphi+\delta)\sin(\varphi-\beta)]+$$

$$2\eta\sin\alpha\cos\varphi\cos(\alpha+\beta-\varphi-\delta)-2[(k_q\sin(\alpha+\beta)\sin(\varphi-\beta)+\eta\sin\alpha\cos\varphi)\times$$

$$(k_q\sin(\alpha-\delta)\sin(\varphi+\delta)+\eta\sin\alpha\cos\varphi)]^{1/2}\} \qquad (2\text{-}15)$$

$$k_q = 1+\frac{2q\sin\alpha\cos\beta}{\gamma h\sin(\alpha+\beta)} \qquad (2\text{-}16)$$

$$\eta = \frac{2c}{\gamma h} \qquad (2\text{-}17)$$

2.5.2　项目代码

本计算程序可以计算主动土压力［根据《建筑地基基础设计规范》（GB 50007—2011）附录 L］。代码清单 2-5 中：❶为定义系数 k_q 的函数［式(2-16)］；❷为定义主动土压力系数的函数［式(2-15)］；❸为定义主动土压力的函数；❹为将输入的各个角度（度分秒）转换为弧度；❺为前面定义的三个函数的其他参数的初始值。具体见代码清单 2-5。

代码清单　　　　　　　　　　　　　　　　2-5

```python
# -*- coding: utf-8 -*-
from math import sin,cos,radians
from datetime import datetime

def kq1(γ,q,h,α,β):                              ❶
    kq = 1+2*q/(γ*h)*sin(α)*cos(β)/sin(α+β)
    return kq

def ka1(γ,c,q,h,α,β,θ,φ,δ,δr):                   ❷
    η = 2*c/(γ*h)
    A = α+β-φ-δ
    B = α+β
    C = φ-β
    D = φ+δ
    E = α-δ

    kq = kq1(γ,q,h,α,β)
    ka1 = kq*(sin(B)*sin(E)+sin(D)*sin(C))\
            +2*η*(sin(α)*cos(φ)*cos(A))\
            -2*((kq1*sin(B)*sin(C)+η*sin(α)*cos(φ))\
             *(kq1*sin(E)*sin(D)+η*sin(α)*cos(φ)))**0.5

    ka = sin(B)/((sin(α))**2*(sin(A))**2)*ka1
```

```
        return ka

    def Ea1(γ,h,ka):                                    ❸
        ψa = 1.0*(h<=5.0) + 1.1*(5.0<h<8.0) + 1.2*(8.0<h)
        Ea = 0.5*ψa*γ*h**2*ka
        return Ea, ψa


    def main():
        print('\n',Ea1.__doc__,'\n')
        '''                              α,  β,  θ,  φ,  δ,  δr  '''
        para = [radians(i) for i in [70, 10, 75, 20, 10, 10]]        ❹
        α, β, θ, φ, δ, δr = para
        '''            γ,    c, q, h    '''
        γ, c, q, h = 19.0, 0, 0, 5.5              ❺
        kq =kq1(γ,q,h,α,β)
        ka = ka1(γ,c,q,h,α,β,θ,φ,δ,δr)
        Ea, ψa = Ea1(γ,h,ka)

        print(f'系数              kq = {kq:<3.2f} ')
        print(f'主动土压力系数      ka = {ka:<3.2f} ')
        print(f'土压力增大系数      ψa = {ψa:<3.2f} ')
        print(f'主动土压力          Ea = {Ea:<3.2f} kN/m')

        dt = datetime.now()
        localtime = dt.strftime('%Y-%m-%d  %H:%M:%S')
        print('-'*m)
        print("本计算书生成时间 :", localtime)

        filename = '挡土墙主动土压力计算.docx'
        with open(filename,'w',encoding = 'utf-8') as f:
            f.write('\n'+ Ea1.__doc__+'\n')
            f.write('计算结果: \n')
            f.write(f'主动土压力系数      ka = {ka:<3.2f}\n')
            f.write(f'土压力增大系数      ψa = {ψa:<3.2f}\n')
            f.write(f'主动土压力          Ea = {Ea:<3.2f} kN/m \n')
            f.write(f'本计算书生成时间 : {localtime}')

    if __name__ == "__main__":
        m = 45
        print('='*m)
```

```
    main()
    print('='*m)
```

2.5.3 输出结果

运行代码清单 2-5，可以得到输出结果 2-5。

输 出 结 果   2-5

```
--- 主动土压力--规范附录 L 法计算 ---
系数              kq = 1.00
主动土压力系数     ka = 0.75
土压力增大系数     ψa = 1.10
主动土压力         Ea = 237.58 kN
```

2.6 多层土主动土压力

2.6.1 项目描述

多层土主动土压力计算，基本思路同 2.5.1 节，不再赘述。

2.6.2 项目代码

本计算程序可以计算多层土主动土压力。代码清单 2-6 中：❶为定义系数k_q的函数［式(2-16)］；❷为定义主动土压力系数的函数［式(2-15)］；❸为定义输入各个土层的函数；❹为定义主动土压力的函数；❺为将输入的各个角度（度分秒）转换为弧度；❻为前面定义的函数的其他参数的初始值。具体见代码清单 2-6。

代 码 清 单   2-6

```
# -*- coding: utf-8 -*-
from math import sin,cos,radians
from datetime import datetime

def kq1(γ,q,h,α,β):                          ❶
    kq = 1+2*q/(γ*h)*sin(α)*cos(β)/sin(α+β)
    return kq
```

```
def ka1(γ,c,q,h,α,β,θ,φ,δ,δr):                    ❷
    η = 2*c/(γ*h)
    A = α+β-φ-δ
    B = α+β
    C = φ-β
    D = φ+δ
    E = α-δ

    kq = kq1(γ,q,h,α,β)
    ka11 = kq*(sin(B)*sin(E)+sin(D)*sin(C))\
             +2*η*(sin(α)*cos(φ)*cos(A))\
             -2*((kq*sin(B)*sin(C)+η*sin(α)*cos(φ))\
              *(kq*sin(E)*sin(D)+η*sin(α)*cos(φ)))**0.5

    ka = sin(B)/((sin(α))**2*(sin(A))**2)*ka11
    return ka

def Soil_thick_Gravity(n):                        ❸
    h = [float(input(f'输入土层 {v+1} 的厚度（m）; ')) for v in range(n)]
    γ = [float(input(f'输入土层 {v+1} 的重度（kN/m^3）; ')) for v in range(n)]
    return h, γ

def Ea1(γ,h,ka,n):                                ❹
    '''本函数是计算土的主动土压力 '''
    h, γ = Soil_thick_Gravity(n)
    print('-'*m)
    γh = [(h[i]*γ[i])  for i in range(n)]
    for i in range(n):
        print(f'土层厚度      h{i+1} = {h[i]:<3.2f} m')
        print(f'土层重度      γ{i+1} = {γ[i]:<3.2f} kN/m^3')
    H = sum(h)
    γm =  sum(γh)/H
    ψa = 1.0*(H<=5.0) + 1.1*(5.0<H<8.0) + 1.2*(8.0<=H)
    Ea = 0.5*ψa*ka*γm*H**2
    return Ea, ψa, γm, H

def main():
    print('\n',Ea1.__doc__,'\n')
    '''                        α,  β,  θ,  φ,  δ,  δr '''
    para = [radians(i) for i in [70, 10, 75, 20, 10, 10]]    ❺
```

```
α, β, θ, φ, δ, δr = para
'''          γ,    c,    q,    h  '''
γ, c, q, h = 19.0, 0,   10, 5.5          ❻

n = int(input('输入土层数: '))
kq = kq1(γ,q,h,α,β)
ka = ka1(γ,c,q,h,α,β,θ,φ,δ,δr)
Ea, ψa, γm, H = Ea1(γ,h,ka,n)

print(f'土层总厚度             H = {H:<3.2f} m')
print(f'土层加权平均重度       γm = {γm:<3.2f} kN/m^3')
print(f'地表均布荷载系数       kq = {kq:<3.2f} ')
print(f'主动土压力系数         ka = {ka:<3.2f} ')
print(f'土压力增大系数         ψa = {ψa:<3.2f} ')
print(f'主动土压力             Ea = {Ea:<6.2f} kN')

dt = datetime.now()
localtime = dt.strftime('%Y-%m-%d  %H:%M:%S')
print('-'*m)
print("本计算书生成时间 :", localtime)

filename = '挡土墙主动土压力计算.docx'
with open(filename,'w',encoding = 'utf-8') as f:
    f.write('\n'+ Ea.__doc__+'\n')
    f.write('计算结果: \n')
    f.write(f'主动土压力系数        ka = {ka:<6.2f}\n')
    f.write(f'土压力增大系数        ψa = {ψa:<6.2f}\n')
    f.write(f'主动土压力            Ea = {Ea:<6.2f} kN\n')
    f.write(f'本计算书生成时间 : {localtime}')

if __name__ == "__main__":
    m = 45
    print('='*m)
    main()
    print('='*m)
```

2.6.3　输出结果

　　运行代码清单 2-6，可以得到输出结果 2-6。输出结果 2-6 中：❶为代码清单 2-6 中❸处的函数提示输入的土层参数；❷为参数 k_q 值；❸为主动土压力系数值；❹为土压力增大系数值；❺为主动土压力值。

输 出 结 果 2-6

本函数是计算土的加权平均重度
输入土层数：2   ❶
输入土层 1 的厚度（m）；1
输入土层 2 的厚度（m）；2
输入土层 1 的重度（kN/m^3）；18
输入土层 2 的重度（kN/m^3）；16

土层厚度   h1 = 1.00 m
土层重度   γ1 = 18.00 kN/m^3
土层厚度   h2 = 2.00 m
土层重度   γ2 = 16.00 kN/m^3
土层总厚度   H = 3.00 m
土层加权平均重度 γm = 16.67 kN/m^3
系数   kq = 1.00   ❷
主动土压力系数   ka = 0.75   ❸
土压力增大系数   ψa = 1.00   ❹
主动土压力   Ea = 56.37 kN   ❺

2.7 库仑主动土压力

2.7.1 项目描述

库仑主动土压力计算公式为：

$$E_a = \frac{1}{2}\gamma h^2 \frac{\cos^2(\varphi - \alpha)}{\cos^2\alpha\cos(\alpha + \delta)\left[1 + \sqrt{\dfrac{\sin(\varphi + \delta)\sin(\varphi - \beta)}{\cos(\alpha + \delta)\cos(\alpha - \beta)}}\right]^2} \tag{2-18}$$

若填土面水平（$\beta = 0$），墙背竖直（$\alpha = 0$）、光滑（$\delta = 0$）时，式(2-18)即变为：

$$E_a = \frac{1}{2}\gamma h^2 \tan^2\left(\frac{\pi}{4} - \frac{\varphi}{2}\right) \tag{2-19}$$

2.7.2 项目代码

本计算程序可以计算库仑主动土压力。代码清单 2-7 中：❶为定义主动土压力系数的函数；❷为定义主动土压力的函数；❸为输入的外摩擦角 δ 与内摩擦角 φ 的比值；❹为前面定义的函数的其他参数的初始值；❺为将输入的各个角度（度分秒）转换为弧度；❻为绘制图形的代码块起始位置。具体见代码清单 2-7。

代 码 清 单   2-7

```
# -*- coding: utf-8 -*-
from math import sin,cos,radians,sqrt
import numpy as np
from datetime import datetime
import matplotlib.pyplot as plt

def ka1(α, β, φ, ratio):                          ❶
    δ = ratio*φ
    para = (1+sqrt(sin(φ+δ))*sin(φ-β)/(cos(α+δ)*cos(α-β)))**2
    ka = (cos(φ-α))**2/((cos(α)**2)*cos(α+δ)*para)
    return ka

def Ea1(γ,h,ka):                                  ❷
    ψa = 1.0*(h<=5.0) + 1.1*(5.0<h<8.0) + 1.2*(8.0<=h)
    Ea = 0.5*ψa*γ*h**2*ka
    return Ea, ψa

def main():
    ratio = float(input('输入外摩擦角 δ 与内摩擦角 φ 的比值: '))   ❸
    '''                 γ,    h,    α,    β,    φ '''
    γ, h, α, β, φ = 18.0, 4.0, 10, 30, 30 ❹
    α,β,φ = [radians(i) for i in [α,β,φ]]    ❺

    ka0 = ka1(α,β,φ,ratio)
    Ea0, ψa0 = Ea1(γ,h,ka0)

    print(f'作用点的位置             {h/3:<3.2f} m')
    print(f'土压力增大系数        ψa = {ψa0:<3.2f} ')
    print(f'主动土压力系数        ka = {ka0:<3.3f} ')
    print(f'主动土压力            Ea = {Ea0:<3.2f} kN/m')

    fig,ax = plt.subplots(3,1, figsize=(5.7,6.8), facecolor="#f1f1f1")   ❻
    fig.subplots_adjust(left=0.15, hspace=0.95)
    plt.rcParams['font.sans-serif'] = ['STsong']
    αmax = np.linspace(-20,20,100)
    βmax = np.linspace(0,40,100)
    φmax = np.linspace(15,50,100)
```

```python
ka2 = [ka1(radians(α),radians(β),radians(φ),ratio) for α in αmax]
ka3 = [ka1(radians(α),radians(β),radians(φ),ratio) for β in βmax]
ka4 = [ka1(radians(α),radians(β),radians(φ),ratio) for φ in φmax]

ax[0].set_title('$α-k_a$', fontsize=10)
ax[0].set_xlabel('$α(°)$',fontproperties='Arial', fontsize=8)
ax[0].set_ylabel('$k_a$',fontproperties='Arial', fontsize=8)
ax[0].plot(αmax,ka2, color='r', lw=2, linestyle='-',label='α-ka')
ax[0].grid()

ax[1].set_title('$β-k_a$', fontsize=10)
ax[1].set_xlabel('$β(°)$',fontproperties='Arial', fontsize=8)
ax[1].set_ylabel('$k_a$',fontproperties='Arial', fontsize=8)
ax[1].plot(βmax,ka3, color='g', lw=2, linestyle='--',label='β-ka')
ax[1].grid()

ax[2].set_title('$φ-k_a$', fontsize=10)
ax[2].set_xlabel('$φ(°)$',fontproperties='Arial', fontsize=8)
ax[2].set_ylabel('$k_a$',fontproperties='Arial', fontsize=8)
ax[2].plot(φmax,ka4, color='m', lw=2, linestyle='-',label='φ-ka')
ax[2].grid()

plt.show()
graph = '库仑主动土压力系数'
fig.savefig(graph, dpi=600, facecolor="#f1f1f1")

dt = datetime.now()
localtime = dt.strftime('%Y-%m-%d  %H:%M:%S')
print('-'*m)
print("本计算书生成时间 :", localtime)
filename = '库仑主动土压力计算.docx'
with open(filename,'w',encoding = 'utf-8') as f:
    f.write('计算结果：\n')
    f.write(f'主动土压力系数        ka = {ka0:<3.3f} \n')
    f.write(f'土压力增大系数        ψa = {ψa0:<3.2f} \n')
    f.write(f'主动土压力           Ea = {Ea0:<3.2f} kN/m \n')
    f.write(f'本计算书生成时间 : {localtime}')

if __name__ == "__main__":
    m = 45
```

```
print('='*m)
main()
print('='*m)
```

2.7.3　输出结果

运行代码清单 2-7，可以得到输出结果 2-7。输出结果 2-7 中：❶为根据代码清单 2-7 中
❸的提示输入的数值；❷为主动土压力值。

输 出 结 果	2-7

输入外摩擦角 δ 与内摩擦角 φ 的比值：0.67　　　　　❶
作用点的位置　　　　　　　1.33 m
土压力增大系数　　　ψa = 1.00
主动土压力系数　　　ka = 1.052
主动土压力　　　　　Ea = 151.54 kN/m　　　❷

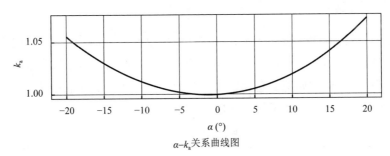

$\alpha-k_a$关系曲线图

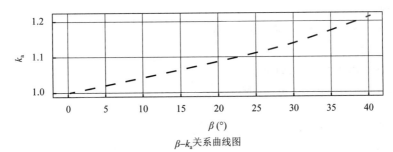

$\beta-k_a$关系曲线图

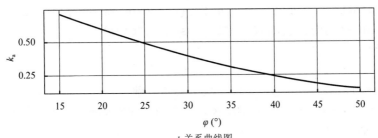

$\varphi-k_a$关系曲线图

2.8 库仑被动土压力

2.8.1 项目描述

库仑被动土压力计算公式为：

$$E_{\mathrm{p}} = \frac{1}{2}\gamma h^2 k_{\mathrm{p}} \tag{2-20}$$

式中：k_{p}——被动土压力系数，可用(2-21)计算；

$$k_{\mathrm{p}} = \frac{\cos^2(\varphi + \alpha)}{\cos^2\alpha \cdot \cos(\alpha - \delta)\left[1 - \sqrt{\dfrac{\sin(\varphi + \delta) \cdot \sin(\varphi + \beta)}{\cos(\alpha - \delta) \cdot \cos(\alpha - \beta)}}\right]^2} \tag{2-21}$$

2.8.2 项目代码

本计算程序可以计算库仑被动土压力。代码清单 2-8 中：❶为定义被动土压力系数的函数；❷为定义被动土压力的函数；❸为输入的外摩擦角δ与内摩擦角φ的比值；❹为前面定义的函数的其他参数的初始值；❺为输入的各个角度（度分秒）转换成的弧度；❻为绘制图形的代码块起始位置。具体见代码清单 2-8。

代 码 清 单　　　　　　　　　　　　　2-8

```
# -*- coding: utf-8 -*-
from math import sin,cos,radians,sqrt
import numpy as np
from datetime import datetime
import matplotlib.pyplot as plt


def kp1(α, β, φ, ratio):                          ❶
    δ = ratio*φ
    para = (1-sqrt(sin(φ+δ))*sin(φ+β)/(cos(α-δ)*cos(α-β)))**2
    kp = (cos(φ+α))**2/((cos(α)**2)*cos(α-δ)*para)
    return kp


def Ep1(γ,h,ka):                                  ❷
    ψa = 1.0*(h<=5.0) + 1.1*(5.0<h<8.0) + 1.2*(8.0<=h)
    Ep = 0.5*ψa*γ*h**2*ka
    return Ep, ψa
```

```
def main():
    ratio = float(input('输入外摩擦角 δ 与内摩擦角 φ 的比值：'))          ❸
    '''              γ,     h,    α,    β,    φ '''
    γ, h, α, β, φ = 18.0, 4.0,  10,   30,   30 ❹
    α,β,φ = [radians(i) for i in [α, β,φ]] ❺


    kp0 = kp1(α,β,φ,ratio)
    Ep0, ψa0 = Ep1(γ,h,kp0)


    print(f'被动土压力系数         kp = {kp0:<3.3f} ')
    print(f'被动土压力             Ep = {Ep0:<3.2f} kN/m')


    fig,ax = plt.subplots(3,1, figsize=(5.7,6.8), facecolor="#f1f1f1")  ❻
    fig.subplots_adjust(left=0.15, hspace=0.95)
    plt.rcParams['font.sans-serif'] = ['STsong']
    αmax = np.linspace(0,20,100)
    βmax = np.linspace(0,40,100)
    φmax = np.linspace(15,45,100)


    kp2 = [kp1(radians(α),radians(β),radians(φ),ratio) for α in αmax]
    kp3 = [kp1(radians(α),radians(β),radians(φ),ratio) for β in βmax]
    kp4 = [kp1(radians(α),radians(β),radians(φ),ratio) for φ in φmax]


    ax[0].set_title('$α-k_p$', fontsize=10)
    ax[0].set_xlabel('$α(°)$',fontproperties='Arial', fontsize=8)
    ax[0].set_ylabel('$k_p$',fontproperties='Arial', fontsize=8)
    ax[0].plot(αmax,kp2, color='r', lw=2, linestyle='-',label='α-kp')
    ax[0].grid()

    ax[1].set_title('$β-k_p$', fontsize=10)
    ax[1].set_xlabel('$β(°)$',fontproperties='Arial', fontsize=8)
    ax[1].set_ylabel('$k_p$',fontproperties='Arial', fontsize=8)
    ax[1].plot(βmax,kp3, color='g', lw=2, linestyle='--',label='β-kp')
    ax[1].grid()

    ax[2].set_title('$φ-k_p$', fontsize=10)
    ax[2].set_xlabel('$φ(°)$',fontproperties='Arial', fontsize=8)
    ax[2].set_ylabel('$k_p$',fontproperties='Arial', fontsize=8)
    ax[2].plot(φmax,kp4, color='m', lw=2, linestyle='-',label='φ-kp')
    ax[2].grid()
```

```
    plt.show()
    graph = '库仑被动土压力系数'
    fig.savefig(graph, dpi=600, facecolor="#f1f1f1")

    dt = datetime.now()
    localtime = dt.strftime('%Y-%m-%d  %H:%M:%S')
    print('-'*m)
    print("本计算书生成时间 :", localtime)

    filename = '库仑被动土压力计算.docx'
    with open(filename,'w',encoding = 'utf-8') as f:
        f.write('计算结果：\n')
        f.write(f'被动土压力系数          kp = {kp0:<3.3f} \n')
        f.write(f'被动土压力              Ep = {Ep0:<3.2f} kN/m \n')
        f.write(f'本计算书生成时间 : {localtime}')

if __name__ == "__main__":
    m = 45
    print('='*m)
    main()
    print('='*m)
```

2.8.3 输出结果

运行代码清单 2-8，可以得到输出结果 2-8。输出结果 2-8 中：❶为根据代码清单 2-8 中❸的提示输入的数值；❷为主动土压力值。

输 出 结 果   2-8

输入外摩擦角δ与内摩擦角 φ 的比值：0.36   ❶
被动土压力系数   kp = 9.310
被动土压力   Ep = 1340.57 kN/m   ❷

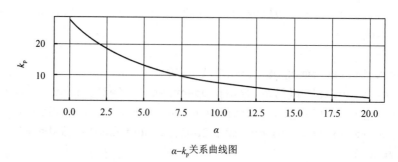

α–k_p关系曲线图

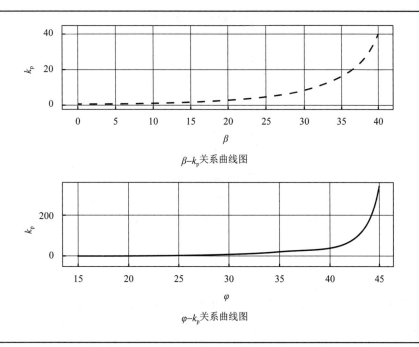

$\beta-k_p$关系曲线图

$\varphi-k_p$关系曲线图

2.9 挡土墙抗滑移稳定性

2.9.1 项目描述

根据《建筑地基基础设计规范》（GB 50007—2011）图 6.7.5-1，挡土墙抗滑移稳定性验算见流程图 2-2，挡土墙抗滑移稳定性验算示意见图 2-5。

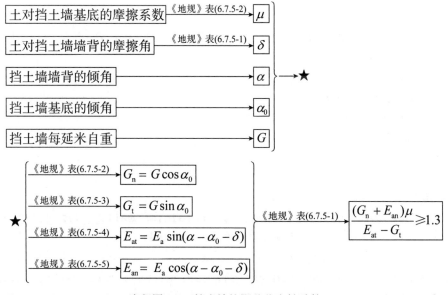

流程图 2-2　挡土墙抗滑移稳定性验算

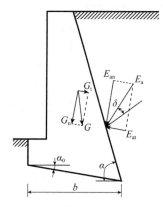

图 2-5　挡土墙抗滑移稳定性验算示意图

2.9.2　项目代码

本计算程序可以验算挡土墙抗滑移稳定性。代码清单 2-9 中：❶为计算挡土墙自重的函数；❷为验算挡土墙抗滑移稳定性的函数［《地规》式(6.7.5-1)］；❸和❹为输入前面定义的两个函数所需参数的初始值。具体见代码清单 2-9。

代码清单	2-9

```python
# -*- coding: utf-8 -*-
from math import sin,cos,radians
from datetime import datetime


def self_weight__retaining_wall(ht,hb,H,γ_wall):              ❶
    G = 0.5*(ht+hb)*H*γ_wall
    return G


def anti_sliding_stability__retaining_wall(Ea,G,α0,α,δ,μ):    ❷
    Gn = G*cos(α0)
    Gt = G*sin(α0)
    Eat = Ea*sin(α-α0-δ)
    Ean = Ea*cos(α-α0-δ)
    ks = (Gn+Ean)*μ/(Eat-Gt)
    return ks


def main():
    print('\n',anti_sliding_stability__retaining_wall.__doc__,'\n')
    '''                计算式中各单位为 kN、m 制              '''
    '''             Ea, α0,        α,         δ,        μ  '''
    Ea, α0, α, δ, μ = 200, radians(6), radians(65), radians(15), 0.33  ❸
```

```
'''                      ht,  hb,  H,  γ_wall      '''
ht, hb, H, γ_wall = 1.6, 3.0, 5.7, 24   ❹
G = self_weight__retaining_wall(ht,hb,H,γ_wall)
ks = anti_sliding_stability__retaining_wall(Ea,G,α0,α,δ,μ)
if ks >= 1.3:
    print(f'ks ={ks:<5.3f} 挡土墙抗滑移稳定性符合式（6.7.5-1）要求')
else:
    print(f'ks ={ks:<5.3f} 挡土墙抗滑移稳定性不符合式（6.7.5-1）要求')


dt = datetime.now()
localtime = dt.strftime('%Y-%m-%d  %H:%M:%S')
print('-'*m)
print("本计算书生成时间 :", localtime)


filename = '挡土墙抗滑移稳定性验算.docx'
with open(filename,'w',encoding = 'utf-8') as f:
    f.write('\n'+ anti_sliding_stability__retaining_wall.__doc__+'\n')
    f.write('计算结果：\n')
    f.write(f'挡土墙抗滑移稳定性系数 ks ={ks:<3.2f}\n')
    if ks >= 1.3:
        f.write('挡土墙抗滑移稳定性符合式（6.7.5-1）要求\n')
    else:
        f.write('挡土墙抗滑移稳定性不符合式（6.7.5-1）要求\n')
    f.write(f'本计算书生成时间 : {localtime}')

if __name__ == "__main__":
    m = 50
    print('='*m)
    main()
    print('='*m)
```

2.9.3 输出结果

运行代码清单 2-9，可以得到输出结果 2-9。输出结果 2-9 中：❶为挡土墙抗滑移稳定性判定。

输 出 结 果	2-9

挡土墙抗滑移稳定性验算-GB50007-(6.7.5-1)
ks =1.421 挡土墙抗滑移稳定性符合式（6.7.5-1）要求。   ❶

2.10 挡土墙抗倾覆稳定性

2.10.1 项目描述

根据《建筑地基基础设计规范》(GB 50007—2011)图 6.7.5-2，挡土墙抗倾覆稳定性验算见流程图 2-3，抗倾覆稳定性验算示意见图 2-6。

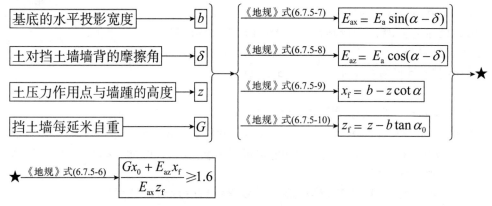

流程图 2-3　挡土墙抗倾覆稳定性验算

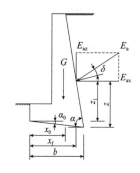

图 2-6　挡土墙抗倾覆稳定性验算示意图

2.10.2 项目代码

本计算程序可以验算挡土墙抗倾覆稳定性。代码清单 2-10 中：❶为定义挡土墙抗倾覆稳定性验算的函数；❷为前面定义的函数参数的初始值。具体见代码清单 2-10。

<table>
<tr><td>代 码 清 单</td><td>2-10</td></tr>
</table>

```
# -*- coding: utf-8 -*-
from math import sin,cos,tan
from sympy import cot
```

```python
from datetime import datetime

def anti_overturn_stability_of_retaining_wall(b,z,Ea,G,α0,α,δ,x0):        ❶
    xf = b-z*cot(α)
    zf = z-b*tan(α0)
    Eax = Ea*sin(α-δ)
    Eaz = Ea*cos(α-δ)
    kv = (G*x0+Eaz*xf)/(Eax*zf)
    return kv


def main():
    print('\n',anti_overturn_stability_of_retaining_wall.__doc__,'\n')
    ''' 计算式中各单位为 kN、m 制 '''
    para = 1.85, 1.15, 1030, 2500, 0.23, 0.33, 0.15, 0.92        ❷
    b, z, Ea, G, α0, α, δ, x0 = para

    kv = anti_overturn_stability_of_retaining_wall(b,z,Ea,G,α0,α,δ,x0)
    if kv >= 1.6:
        print(f'kv={kv:<5.2f}抗倾覆稳定性符合 GB50007 式（6.7.5-6）要求')
    else:
        print(f'kv ={kv:<5.2f}抗倾覆稳定性不符合 GB50007 式（6.7.5-6）要求')

    dt = datetime.now()
    localtime = dt.strftime('%Y-%m-%d  %H:%M:%S')
    print('-'*m)
    print("本计算书生成时间 :", localtime)

    filename = '挡土墙抗倾覆稳定性验算.docx'
    with open(filename,'w',encoding = 'utf-8') as f:
        f.write('计算结果：\n')
        f.write(f'挡土墙抗倾覆稳定性系数 kv ={kv:>5.2f}\n')
        if kv >= 1.6:
            f.write('抗倾覆稳定性符合 GB50007 式（6.7.5-6）要求\n')
        else:
            f.write('抗倾覆稳定性不符合 GB50007 式（6.7.5-6）要求\n')
        f.write(f'本计算书生成时间 : {localtime}')

if __name__ == "__main__":
    m = 66
    print('='*m)
```

```
main()
print('='*m)
```

2.10.3　输出结果

运行代码清单 2-10，可以得到输出结果 2-10。

输 出 结 果　　　　　　　　　　　　　　　　　2-10

挡土墙抗倾覆稳定性验算-GB50007-(6.7.5-6)
kv = 5.84 抗倾覆稳定性符合式（6.7.5-6）要求。

2.11　悬臂式支挡结构入土深度及最大弯矩

2.11.1　项目描述

悬臂式支挡结构入土深度及最大弯矩的布鲁姆（H·Blum）法为假想支点法，不考虑板桩自身的刚度，在计算插入深度时偏于安全，计算简图见图 2-7。

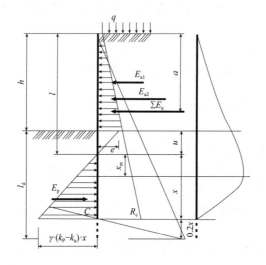

图 2-7　布鲁姆法计算简图

土压力为零点至最大弯矩点处距离为：

$$x_{\mathrm{m}} = \sqrt{\frac{2\sum E_{\mathrm{a}}}{\gamma(k_{\mathrm{p}} - k_{\mathrm{a}})}} \tag{2-22}$$

悬臂式支挡结构最大弯矩为：

$$M_{\max} = \sum E_{\mathrm{a}} \cdot (l + x_{\mathrm{m}} - a)\frac{\gamma(k_{\mathrm{p}} - k_{\mathrm{a}})x_{\mathrm{m}}^3}{6} \tag{2-23}$$

被动土压力一般采用库仑土压力理论计算。

2.11.2 项目代码

本计算程序可以计算悬臂式支挡结构入土深度及最大弯矩。代码清单 2-11 中：❶为定义主动、被动土压力系数的函数；❷为定义土压力强度的函数；❸为定义嵌固深度的函数；❹为定义最大弯矩的函数；❺为定义被动土压力的函数；❻为定义主动土压力的函数；❼为定义土压力的函数；❽为给以上各个函数参数赋初始值；❾为不存在嵌固段时在主动土压力点处的提示；❿为绘制输出结果 2-11 图示的起始代码段。具体见代码清单 2-11。

代 码 清 单　　　　　　　　　　　　　　2-11

```
# -*- coding: utf-8 -*-
import sympy as sp
from math import sin,radians,pi,tan,sqrt,cos
from datetime import datetime
import numpy as np
import matplotlib.pyplot as plt


def ka_kp(γ,c,φ):                               ❶
    ka = tan(pi/4-φ/2)**2
    kp1 = tan(pi/4+φ/2)**2
    δ = 2*φ/3
    kp2 = (cos(φ)/(sqrt(cos(δ))-sqrt(sin(φ+δ)*sin(φ))))**2
    kp = max(kp1,kp2)
    return ka, kp


def e1(ka,kp, h,bs,γ,c,q):                      ❷
    eajkh = (q*ka+γ*h*ka-2*c*sqrt(ka))*bs
    epjkh = 2*c*sqrt(kp)*bs
    e = eajkh-epjkh
    return e


def ld1(ka,kp,h,bs,γ,c,φ,q,e):                  ❸
    u = e/(γ*(kp-ka)*bs)
    l = h+u
    Ea = (2*q*ka+γ*h*ka-4*c*sqrt(ka))*h*bs/2+e*u/2
    a = (((q*ka-
        2*c*sqrt(ka))*h**2/2+(γ*h*ka*h**2)/3)*bs+e*u/2*(h+u/3))/Ea
```

```
    x = sp.symbols('x', real=True)
    f = sp.Function('f')
    f = x**3-6*Ea/(γ*(kp-ka)*bs)*x-6*Ea*(l-a)/(γ*(kp-ka)*bs)
    x = max(sp.solve(f,x))
    ld = 1.2*x+u
    return l, a, ld, Ea

def Mmax1(Ea,l,a,ka, kp,h,bs,γ,c,φ,q):          ❹
    xm = sqrt(2*Ea/(γ*(kp-ka)*bs))
    Mmax = Ea*(l+xm-a)-γ*(kp-ka)*bs*xm**3/6
    return Mmax

def ppk(ka,kp,h,bs,γ,c,φ,q,e,x):                ❺
    if x>=0 and x<h:
        ppk = 0
    else:
        ppk = -(γ*(x-h)*kp+2*c*sqrt(kp))*bs
    return ppk

def pak(ka,kp,h,bs,γ,c,φ,q,e,x):                ❻
    return (q+γ*x)*ka-2*c*sqrt(ka)*bs

def pk(ka,kp,h,bs,γ,c,φ,q,e,x):                 ❼
    if x>=0 and x<h:
        pk = ((q+γ*x)*ka-2*c*sqrt(ka))*bs
    else:
        pk = -(γ*(x-h)*kp+2*c*sqrt(kp))*bs+((q+γ*x)*ka-2*c*sqrt(ka))*bs
    return pk

def main():
    '''                 h,   bs,   γ,    c,   φ,          q '''
    h, bs, γ, c, φ, q = 6.4, 1.5, 19.5, 18, radians(25), 59    ❽
    ka, kp = ka_kp(γ,c,φ)
    e = e1(ka,kp,h,bs,γ,c,q)
    l,a,ld, Ea = ld1(ka,kp,h,bs,γ,c,φ,q,e)
    Mmax = Mmax1(Ea,l,a,ka, kp,h,bs,γ,c,φ,q)

    if e == 0:                                  ❾
        print('不存在嵌固段在主动土压力的点')
```

```python
print(f'主动土压力系数          ka = {ka:<3.3f} ')
print(f'被动土压力系数          kp = {kp:<3.3f} ')
print(f'土压力强度              e = {e:<3.2f} kPa')
print(f'主动土压力              Ea = {Ea:<3.2f} kN/m')
print(f'嵌固深度               ld = {ld:<3.2f} m')
print(f'最大弯矩               Mmax = {Mmax:<3.2f} kN·m')


depth = 15
x = np.linspace(0,depth,100)
pakk = [pak(ka,kp,h,bs,γ,c,φ,q,e,xx) for xx in x]
ppkk = [ppk(ka,kp,h,bs,γ,c,φ,q,e,xx) for xx in x]
pkk = [pk(ka,kp,h,bs,γ,c,φ,q,e,xx) for xx in x]


fig,ax= plt.subplots(1,1,figsize=(5.7, 5.0),facecolor="#f1f1f1")      ⑩
plt.rcParams['font.sans-serif'] = ['STsong']
fig.subplots_adjust(left=0.15, hspace=0.5)
plt.grid(True)
plt.plot(pakk, x,color='g', lw=2, linestyle='-.',label='$p_{ak}$')
plt.plot(ppkk, x,color='b', lw=2, linestyle='-',label='$p_{pk}$')
plt.plot(pkk, x,color='r', lw=2, linestyle='--',label='$p_{k}$')


ax.set_xlabel("$p (kPa)$",fontsize=8, fontname='serif')
ax.set_ylabel("$h (m)$", fontsize=8, fontname='serif')
plt.gca().invert_yaxis()
ax.xaxis.set_ticks_position('top')
ax.xaxis.set_label_position('top')


plt.legend(loc = (0.15, 0.75))
graph = '悬臂式支挡结构土压力'
plt.title(graph, fontsize=10)
fig.savefig(graph, dpi=600, facecolor="#f1f1f1")


dt = datetime.now()
localtime = dt.strftime('%Y-%m-%d  %H:%M:%S')
print('-'*m)
print("本计算书生成时间 :", localtime)


filename = '悬臂式支挡结构入土深度及最大弯矩.docx'
with open(filename,'w',encoding = 'utf-8') as f:
    f.write('计算结果：\n',)
```

```
        f.write(f'主动土压力系数          ka = {ka:<3.2f}  \n')
        f.write(f'被动土压力系数          kp = {kp:<3.2f}  \n')
        f.write(f'土压力强度              e = {e:<3.2f} kPa \n')
        f.write(f'主动土压力              Ea = {Ea:<3.2f} kN/m \n')
        f.write(f'嵌固深度                ld = {ld:<3.2f} m \n')
        f.write(f'最大弯矩              Mmax = {Mmax:<3.2f} kN·m \n')
        f.write(f'本计算书生成时间 : {localtime}')


if __name__ == "__main__":
    m = 66
    print('='*m)
    main()
    print('='*m)
```

2.11.3　输出结果

运行代码清单 2-11，可以得到输出结果 2-11。输出结果 2-11 中：❶为嵌固深度的数值；❷为悬臂式支挡结构的最大弯矩值。

输 出 结 果　　　　　　　　　　　　　　　　　　2-11

主动土压力系数	ka = 0.406	
被动土压力系数	kp = 4.079	
土压力强度	e = -31.57 kN/m	
主动土压力	Ea = 257.47 kN	
嵌固深度	ld = 5.11 m	❶
最大弯矩	Mmax = 850.28 kN·m	❷

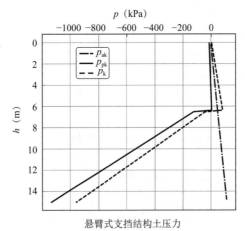

悬臂式支挡结构土压力

第3章

独立基础与条形基础

3.1 确定单向偏心受压矩形柱下独立基础底面尺寸的直接法

3.1.1 项目描述

根据《建筑地基基础设计规范》（GB 50007—2011）（简称《地规》）第 5.2.1 条、第 5.2.2 条，偏心荷载作用下基础压力计算示意见图 3-1，基础底面的压力计算见流程图 3-1。

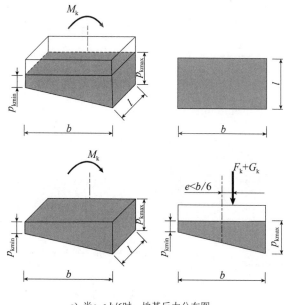

a) 当 $e < b/6$ 时，地基反力分布图

图　3-1

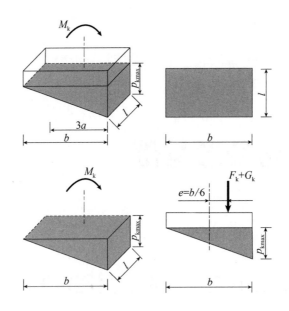

b) 当$e = b/6$时，地基反力分布图

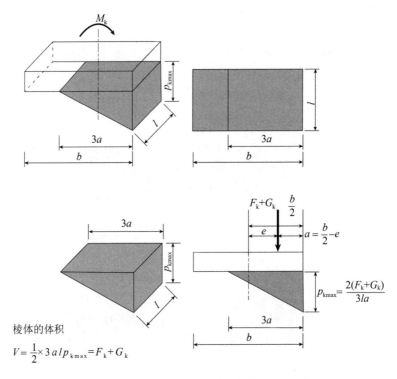

棱体的体积

$$V = \frac{1}{2} \times 3\,al\,p_{k\max} = F_k + G_k$$

c) 当$e > b/6$时，地基反力分布图

图 3-1　偏心荷载作用下基础压力计算示意图

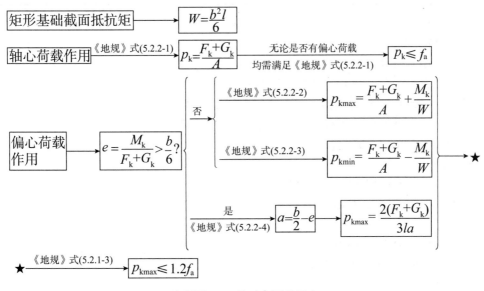

流程图 3-1　基础底面的压力

流程图 3-1 中的基础底面抵抗矩 $W = \dfrac{b^2 l}{6}$（不是 $W = \dfrac{bl^2}{6}$），是因为《建筑地基基础设计规范》（GB 50007—2011）图 5.2.2 中基础底面长边为 b。

3.1.2　项目代码

本计算程序为确定单向偏心受压矩形柱下独立基础底面尺寸的直接法。代码清单 3-1 中：❶设置基础底面宽度 b 的解为实数，是因为❷构建的是三次方程，有 3 个根，1 个实根，2 个虚根，实根是工程设计所需的可能解；❸是避免单向偏心受压圆形柱下独立基础弯矩与轴力比值较小时，❷的解答无根的情况，如果无根，则此基础是由❹轴心压力控制，而非偏心荷载控制；❺的number = 0.1m，即让基础底面的宽度和长度是 0.1m 的倍数，使计算结果便于工程应用。具体见代码清单 3-1。

代 码 清 单

3-1

```
# -*- coding: utf-8 -*-
import sympy as sp
from datetime import datetime


def dimension_of_independent_foundation(d,n,Mk,Fk,fa,γ,number):
    '''直接确定单向偏心受压柱下独立基础底面尺寸'''
    sp.init_printing()
    b = sp.symbols('b', real=True)          ❶
    f = sp.Function('f')

    l = n*b
```

```
    A = b*l
    W = b*l**2/6
    f = Fk/A+γ*d+Mk/W-1.2*fa                    ❷

    if len(sp.solve(f, b)) == 0:                ❸
        f = Fk/A+γ*d-1.0*fa                      ❹
        b = max(sp.solve(f,b))
    else:
        f = Fk/A+γ*d+Mk/W-1.2*fa
        b = max(sp.solve(f,b))

    b = number*((b//number)+1)                  ❺
    l = number*((n*b//number)+1)
    A = b*l
    W = b*l**2/6
    pkmax = Fk/A+γ*d+Mk/W
    pkmin = Fk/A+γ*d-Mk/W
    pk = Fk/A+γ*d

    return b, l, A, W, pkmax, pkmin, pk, f

def main():
    print('\n',dimension_of_independent_foundation.__doc__,'\n')
    '''输入计算基础底面尺寸的基本参数'''
    '''                              d,   n,   Mk,  Fk,   fa,   γ,  number '''
    d, n, Mk, Fk, fa, γ, number = 3.4, 1.25, 100, 1800, 180, 20, 0.1
    results = dimension_of_independent_foundation(d,n,Mk,Fk,fa,γ,number)
    b, l, A, W, pkmax, pkmin, pk, f = results
    print('-'*m)
    print('构建的方程：f')
    sp.pprint(f)
    print('-'*m)
    print(f'基础底面的长宽比                n = {n:<3.2f} ')
    print(f'荷载作用下求得的基础底面宽度      b = {b:<3.2f} m')
    print(f'荷载作用下求得的基础底面长度      l = {l:<3.2f} m')
    print(f'荷载作用下求得的基础底面面积      A = {A:<3.2f} m^2')
    print(f'荷载作用下求得的基础底面抵抗矩    W = {W:<3.2f} m^3')
    print(f'地基承载力特征值的 1.2 倍      1.2fa = {1.2*fa:<3.2f} kPa')
    print(f'偏心荷载作用下求得的            pkmax = {pkmax:<3.2f} kPa')
    if pkmax <= 1.2*fa:
```

```
        print('符合偏心荷载作用下《地规》的要求。')
    print(f'偏心荷载作用下求得的        pkmin = {pkmin:<3.2f} kPa')
    print(f'地基承载力特征值的 1.0 倍      fa = {fa:<3.2f} kPa')
    print(f'轴心荷载作用下求得的        pk = {pk:<3.2f} kPa')
    if pk <= fa:
        print('符合轴心荷载作用下《地规》的要求。')


    dt = datetime.now()
    localtime = dt.strftime('%Y-%m-%d  %H:%M:%S')
    print('-'*m)
    print("本计算书生成时间 :", localtime)


    filename = '单向偏心受压柱下独立基础底面尺寸确定的直接法.docx'
    with open(filename,'w',encoding = 'utf-8') as f:
        f.write('\n'+ dimension_of_independent_foundation.__doc__+'\n')
        f.write('计算结果: \n',)
        f.write(f'基础底面的长宽比                n = {n:<3.2f} \n')
        f.write(f'荷载作用下求得的基础底面宽度       b = {b:<3.2f} m \n')
        f.write(f'荷载作用下求得的基础底面长度       l = {l:<3.2f} m \n')
        f.write(f'荷载作用下求得的基础底面面积       A = {A:<3.2f} m^2 \n')
        f.write(f'荷载作用下求得的基础底面抵抗矩      W = {W:<3.2f} m^3 \n')
        f.write(f'地基承载力特征值的 1.2 倍     1.2fa = {1.2*fa:<3.2f} kPa \n')
        f.write(f'偏心荷载作用下求得的         pkmax = {pkmax:<3.2f} kPa \n')
        f.write(f'偏心荷载作用下求得的         pkmin = {pkmin:<3.2f} kPa \n')
        f.write(f'地基承载力特征值的 1.0 倍        fa = {fa:<3.2f} kPa \n')
        f.write(f'轴心荷载作用下求得的          pk = {pk:<3.2f} kPa \n')
        f.write(f'本计算书生成时间 : {localtime}')


if __name__ == "__main__":
    m = 66
    print('='*m)
    main()
    print('='*m)
```

3.1.3　输出结果

运行代码清单 3-1，可以得到输出结果 3-1。输出结果 3-1 中：❶为代码清单 3-1 中的
❷或❹构建的方程；❷为判定计算结果是否满足偏心荷载作用下《地规》的要求；❸为判
定计算结果是否满足轴心荷载作用下《地规》的要求。

直接确定单向偏心受压柱下独立基础底面尺寸

构建的方程：f

$$-112.0 + \dfrac{1440.0}{b^2}$$ ❶

基础底面的长宽比	n	= 1.25
荷载作用下求得的基础底面宽度	b	= 3.60 m
荷载作用下求得的基础底面长度	l	= 4.60 m
荷载作用下求得的基础底面面积	A	= 16.56 m^2
荷载作用下求得的基础底面抵抗矩	W	= 12.70 m^3
地基承载力特征值的 1.2 倍	1.2fa	= 216.00 kPa
偏心荷载作用下求得的	pkmax	= 184.57 kPa

符合偏心荷载作用下《地规》的要求。　　　　　　❷

偏心荷载作用下求得的	pkmin	= 168.82 kPa
地基承载力特征值的 1.0 倍	fa	= 180.00 kPa
轴心荷载作用下求得的	pk	= 176.70 kPa

符合轴心荷载作用下《地规》的要求。　　　　❸

3.2　确定偏心受压圆环柱下独立基础底面尺寸的直接法

3.2.1　项目描述

确定偏心受压圆环柱下独立基础底面尺寸的直接法仅截面抵抗矩不同，采用的规范条文与 3.1.1 节的项目描述一致，不再赘述。

环形基础的截面抵抗矩为：

$$W = \frac{\pi R^4 - \pi r^4}{4R} \tag{3-1}$$

3.2.2　项目代码

本计算程序为确定偏心受压圆环柱下独立基础底面尺寸的直接法，代码清单 3-2 中：❶是计算土的加权平均重度的函数；❷为直接确定偏心圆环受压柱下独立基础底面尺寸的函数一，如果❸解为空，则该基础底面尺寸由轴心荷载控制，按轴心受压重新计算，否则按照❹偏心荷载控制计算；❺为基础底面尺寸工程规则化；❻为偏心距与半径关系的判定；❼为直接确定偏心受压柱下独立基础底面尺寸的函数二，环形基础计算存在多种可能，需考虑每种情况，然后做出判断；❽为确定环形受压区的角度；❾为建构大偏心情况的方程；❿为给出基本计算参数。具体见代码清单 3-2。

代 码 清 单　　　　　　　　　　　　　　　　　　3-2

```python
# -*- coding: utf-8 -*-
import sympy as sp
import numpy as np
from math import pi, acos, sin, cos
from datetime import datetime


def fa1(γm,d,γs,fak,ηb,ηd):                          ❶
    b = sp.symbols('b', real=True)
    fa = sp.Function('fa')
    fa = fak+ηb*γs*(b-3)+ ηd*γm*(d-0.5)
    return fa


def dimension_of_independ_foundation_1(d,r1,Mk,Fk,fa,γ,number):    ❷
    sp.init_printing()
    r = sp.symbols('r', real=True)
    f = sp.Function('f')

    A = pi*(r**2-r1**2)
    W = pi*(r**4-r1**4)/(4*r)
    f = Fk/A+γ*d+Mk/W-1.2*fa

    if len(sp.solve(f, r)) == 0:                     ❸
        f = Fk/A+γ*d-1.0*fa
        r = max(sp.solve(f,r))
    else:                                            ❹
        f = Fk/A+γ*d+Mk/W-1.2*fa
        r = max(sp.solve(f,r))

    r = number*((r//number)+1)                       ❺
    A = pi*(r**2-r1**2)
    W = pi*(r**4-r1**4)/(4*r)
    Gk = γ*d*A
    e = Mk/(Fk+Gk)
```

```
        if e <= r/20:                          ❻
            r = sp.sqrt(Fk/(pi*(fa-γ*d)))
            print('独立基础底面尺寸由轴心荷载控制。')
        else:
            print('独立基础底面尺寸由偏心荷载控制。')

        r = number*((r//number)+1)
        A = pi*(r**2-r1**2)
        W = pi*(r**4-r1**4)/(4*r)
        pkmax = Fk/A+γ*d+Mk/W
        pkmin = Fk/A+γ*d-Mk/W
        pk = Fk/A+γ*d

        return r, A, W, pkmax, pkmin, pk, f

def dimension_of_independ_foundation_2(d,r1,Mk,Fk,fa,γ,number):
    '''直接确定偏心受压柱下独立基础底面尺寸'''      ❼
    sp.init_printing()
    r = sp.symbols('r', real=True)
    f = sp.Function('f')

    α = acos(r1/r)                              ❽
    A1 = r**2*(2*α-sin(2*α))/2
    y1 = (4/3)*r1*(sin(α)**3/(2*α-sin(2*α)))-r*cos(α)
    I1 = r**4/71*(18*α-9*sin(2*α)*cos(2*α))-64*sin(α)**6/(2*α-sin(2*α))

    A2 = pi*r1**2
    y2 = r1*sin(α-pi/2)
    I2 = pi*r1**4/4
    A = A1-A2
    I = I1+I2

    W = pi*(r**4-r1**4)/(4*r)
    Gk = γ*d*A
    e = Mk/(Fk+Gk)
    a = r-e
    f = 2*(Fk+Gk)/(3*2*r*a)-1.2*fa                ❾
    r = max(sp.solve(f,r))

    r = number*((r//number)+1)
    A = pi*r**2
```

```
    W = pi*r**3/4
    Gk = γ*d*A
    e = Mk/(Fk+Gk)
    a = r-e
    pkmax = 2*(Fk+Gk)/(3*2*r*a)
    pkmin = 0
    pk = Fk/A+γ*d

    return r, A, W, pkmax, pkmin, pk, f

def main():
    print('-'*m)
    '''                         d,   r1,   Mk,  Fk, fak, γs,  number'''
    d,r1,Mk,Fk,fa,γ,number = 3.0, 1.2, 168, 976,100, 20,  0.1          ❿

    results = dimension_of_independ_foundation_1(d,r1,Mk,Fk,fa,γ,number)
    r, A, W, pkmax, pkmin, pk, f = results
    Gk = γ*d*A
    e = Mk/(Fk+Gk)
    print('求取独立基础底面半径 r 的方程 f = ')
    sp.pprint(f)
    if e <= r/4:
        print('按照《地规》式（5.2.2-2）和式（5.2.2-3）计算 pkmax, pkmin。')
    else:
        print('按照《地规》式（5.2.2-4）计算 pkmax。')
        results = dimension_of_independ_foundation_2(d,r1,Mk,Fk,fa,γ,number)
        r, A, W, pkmax, pkmin, pk, f = results
    print('-'*m)
    Gk = γ*d*A
    e = Mk/(Fk+Gk)
    if e !=0:
        print(f'基础的偏心距                    e = {e:<3.3f} m')
        print(f'基础底面半径的1/3              r/3 = {r/3:<3.2f} m ')
    print(f'荷载作用下求得的基础底面半径        r = {r:<3.2f} m')
    print(f'荷载作用下求得的基础底面面积        A = {A:<3.2f} m^2')
    print(f'荷载作用下求得的基础底面抵抗矩      W = {W:<3.2f} m^3')
    print('-------独立基础底面几何尺寸及截面特性参数值。-------')
    print(f'地基承载力特征值的 1.2 倍       1.2fa = {1.2*fa:<3.2f} kPa')
    print(f'偏心荷载作用下求得的           pkmax = {pkmax:<3.2f} kPa')
    print(f'偏心荷载作用下求得的           pkmin = {pkmin:<3.2f} kPa')
```

```
    if pkmax <= 1.2*fa:
        print('-------符合偏心荷载作用下《地规》的要求。-------')
    print(f'地基承载力特征值的 1.0 倍            fa = {fa:<3.2f} kPa')
    print(f'轴心荷载作用下求得的               pk = {pk:<3.2f} kPa')
    if pk <= fa:
        print('-------符合轴心荷载作用下《地规》的要求。-------')
    dt = datetime.now()
    localtime = dt.strftime('%Y-%m-%d   %H:%M:%S')
    print('-'*m)
    print("本计算书生成时间 :", localtime)


    filename = '偏心圆环受压柱下独立基础底面尺寸确定的直接法.docx'
    with open(filename,'w',encoding = 'utf-8') as f:
        f.write('\n'+ dimension_of_independ_foundation_1.__doc__+'\n')
        f.write('计算结果: \n',)
        f.write(f'荷载作用下求得的基础底面半径     r = {r:<3.2f} m \n')
        f.write(f'荷载作用下求得的基础底面面积     A = {A:<3.2f} m^2 \n')
        f.write(f'荷载作用下求得的基础底面抵抗矩   W = {W:<3.2f} m^3 \n')
        f.write(f'地基承载力特征值的 1.2 倍      1.2fa = {1.2*fa:<3.2f} kPa \n')
        f.write(f'偏心荷载作用下求得的         pkmax = {pkmax:<3.2f} kPa \n')
        f.write(f'偏心荷载作用下求得的         pkmin = {pkmin:<3.2f} kPa \n')
        f.write(f'地基承载力特征值的 1.0 倍      fa = {fa:<3.2f} kPa \n')
        f.write(f'轴心荷载作用下求得的         pk = {pk:<3.2f} kPa \n')
        f.write(f'本计算书生成时间 : {localtime}')


if __name__ == "__main__":
    m = 66
    print('='*m)
    main()
    print('='*m)
```

3.2.3 输出结果

运行代码清单 3-2，可以得到输出结果 3-2。输出结果 3-2 中：❶表示独立基础底面尺寸由轴心荷载控制，这是根据具体给定的参数做出的判定，此处仅给出示例，调整❿弯矩、轴力与地基承载力特征值，会出现不同的判定。

输 出 结 果　　　　　　　　　　　　　　　　　　3-2

直接确定偏心圆环受压柱下独立基础底面尺寸

独立基础底面尺寸由轴心荷载控制。   ❶
按照《地规》式（5.2.2-2）和式（5.2.2-3）计算 pkmax, pkmin。

基础的偏心距   e = 0.077 m
基础底面长边的 1/3   r/3 = 0.93 m
荷载作用下求得的基础底面半径   r = 2.80 m
荷载作用下求得的基础底面面积   A = 20.11 m^2
荷载作用下求得的基础底面抵抗矩   W = 16.66 m^3
-------独立基础底面几何尺寸及截面特性参数值。-------
地基承载力特征值的 1.2 倍   1.2fa = 120.00 kPa
偏心荷载作用下求得的   pkmax = 118.63 kPa
偏心荷载作用下求得的   pkmin = 98.46 kPa
-------符合偏心荷载作用下《地规》的要求。-------
地基承载力特征值的 1.0 倍   fa = 100.00 kPa
轴心荷载作用下求得的   pk = 108.54 kPa

3.3 确定偏心受压圆形柱下独立基础底面尺寸的直接法

3.3.1 项目描述

确定偏心受压圆形柱下独立基础底面尺寸的直接法仅截面抵抗矩不同，采用的规范条文与 3.1.1 节的项目描述一致，不再赘述。

圆形基础的截面抵抗矩为

$$W = \frac{\pi r^3}{4} \tag{3-2}$$

3.3.2 项目代码

本计算程序为确定偏心受压圆形柱下独立基础底面尺寸的直接法。代码清单 3-3 中：❶设置基础底面半径 r 的解为实数，是因为❷构建的是三次方程，有 3 个根，1 个实根，2 个虚根，实根是工程设计所需的可能解；❸是避免单向偏心受压圆形柱下独立基础弯矩与轴力比值较小时，❷的解答无根的情况，如果无根，则此基础是由❹轴心压力控制，而非偏心荷载控制；❺的 number = 0.1m，即让基础底面半径是 0.1m 的倍数，使计算结果便于工程应用。具体见代码清单 3-3。

```python
# -*- coding: utf-8 -*-
import sympy as sp
from math import pi
from datetime import datetime

def dimension_of_independent_foundation(d,Mk,Fk,fa,γ,number):
    '''直接确定单向偏心受压圆形柱下独立基础底面尺寸'''
    sp.init_printing()
    r = sp.symbols('r', real=True)              ❶
    f = sp.Function('f')

    A = pi*r**2
    W = pi*r**3/4
    f = Fk/A+γ*d+Mk/W-1.2*fa                     ❷

    if len(sp.solve(f, r)) == 0:                ❸
        f = Fk/A+γ*d-1.0*fa                      ❹
        r = max(sp.solve(f,r))
    else:
        f = Fk/A+γ*d+Mk/W-1.2*fa
        r = max(sp.solve(f,r))

    r = number*((r//number)+1)                  ❺
    A = pi*r**2
    W = pi*r**3/4
    pkmax = Fk/A+γ*d+Mk/W
    pkmin = Fk/A+γ*d-Mk/W
    pk = Fk/A+γ*d

    return r, A, W, pkmax, pkmin, pk, f

def main():
    print('\n',dimension_of_independent_foundation.__doc__,'\n')
    '''输入计算圆形基础底面尺寸的基本参数'''
    '''                        d,   Mk,  Fk,  fa,  γ , number'''
    d, Mk, Fk, fa, γ, number = 1.0, 180, 500, 180, 20, 0.1
    results = dimension_of_independent_foundation(d,Mk,Fk,fa,γ,number)
    r, A, W, pkmax, pkmin, pk, f = results
    print('-'*m)
    print('构建的方程: ')
```

```
    sp.pprint(f)
    print('-'*m)

    print(f'荷载作用下求得的基础底面半径        r = {r:<3.2f} m')
    print(f'荷载作用下求得的基础底面面积        A = {A:<3.2f} m^2')
    print(f'荷载作用下求得的基础底面抵抗矩      W = {W:<3.2f} m^3')
    print(f'地基承载力特征值的 1.2 倍        1.2fa = {1.2*fa:<3.2f} kPa')
    print(f'偏心荷载作用下求得的            pkmax = {pkmax:<3.2f} kPa')
    if pkmax <= 1.2*fa:
        print('符合偏心荷载作用下《地规》的要求。')
    print(f'偏心荷载作用下求得的            pkmin = {pkmin:<3.2f} kPa')
    print(f'地基承载力特征值的 1.0 倍          fa = {fa:<3.2f} kPa')
    print(f'轴心荷载作用下求得的              pk = {pk:<3.2f} kPa')
    if pk <= fa:
        print('符合轴心荷载作用下《地规》的要求。')

    dt = datetime.now()
    localtime = dt.strftime('%Y-%m-%d  %H:%M:%S')
    print('-'*m)
    print("本计算书生成时间 :", localtime)

    filename = '单向偏心圆形受压柱下独立基础底面尺寸确定的直接法.docx'
    with open(filename,'w',encoding = 'utf-8') as f:
        f.write('\n'+ dimension_of_independent_foundation.__doc__+'\n')
        f.write('计算结果: \n',)
        f.write(f'荷载作用下求得的基础底面半径      r = {r:<3.2f} m \n')
        f.write(f'荷载作用下求得的基础底面面积      A = {A:<3.2f} m^2 \n')
        f.write(f'荷载作用下求得的基础底面抵抗矩   W = {W:<3.2f} m^3 \n')
        f.write(f'地基承载力特征值的 1.2 倍      1.2fa = {1.2*fa:<3.2f} kPa \n')
        f.write(f'偏心荷载作用下求得的          pkmax = {pkmax:<3.2f} kPa \n')
        f.write(f'偏心荷载作用下求得的          pkmin = {pkmin:<3.2f} kPa \n')
        f.write(f'地基承载力特征值的 1.0 倍        fa = {fa:<3.2f} kPa \n')
        f.write(f'轴心荷载作用下求得的            pk = {pk:<3.2f} kPa \n')
        f.write(f'本计算书生成时间 : {localtime}')

if __name__ == "__main__":
    m = 66
    print('='*m)
    main()
    print('='*m)
```

3.3.3 输出结果

运行代码清单 3-3，可以得到输出结果 3-3。输出结果 3-3 中：❶为代码清单 3-3 中❷或❹构建的方程；❷为判定计算结果是否满足偏心荷载作用下《地规》的要求；❸为判定计算结果是否满足轴心荷载作用下《地规》的要求。

输 出 结 果 3-3

直接确定偏心受压圆形柱下独立基础底面尺寸

- -

构建的方程：

$$-196.0 + \frac{159.154943091895}{r^2} + \frac{229.183118052329}{r^3}$$ ❶

- -

荷载作用下求得的基础底面半径	r =	1.40 m
荷载作用下求得的基础底面面积	A =	6.16 m^2
荷载作用下求得的基础底面抵抗矩	W =	2.16 m^3
地基承载力特征值的 1.2 倍	1.2fa =	216.00 kPa
偏心荷载作用下求得的	pkmax =	184.72 kPa

符合偏心荷载作用下《地规》的要求。 ❷

偏心荷载作用下求得的	pkmin =	17.68 kPa
地基承载力特征值的 1.0 倍	fa =	180.00 kPa
轴心荷载作用下求得的	pk =	101.20 kPa

符合轴心荷载作用下《地规》的要求。 ❸

3.4 确定双向偏心受压矩形柱下独立基础底面尺寸的直接法

3.4.1 项目描述

确定双向偏心受压矩形柱下独立基础底面尺寸的直接法仅截面抵抗矩不同，采用的规范条文与 3.1.1 节的项目描述一致，不再赘述。

矩形基础底面抵抗矩为：

$$W_x = \frac{b^2 l}{6} \tag{3-3}$$

$$W_y = \frac{bl^2}{6} \tag{3-4}$$

式中：b——矩形基础底面的长边（与主要弯矩同方向）；

　　　l——矩形基础底面的短边（与次要弯矩同方向）。

对于双向受压矩形基础，b 和 l 的定义参见《建筑地基基础设计规范》（GB 50007—2011）图 5.2.2。

3.4.2　项目代码

本计算程序为确定双向偏心受压矩形柱下独立基础底面尺寸的直接法。代码清单 3-4 中：❶设置基础底面宽度 b 的解为实数，是因为❷构建的是三次方程，有 3 个根，1 个实根，2 个虚根，实根是工程设计所需的可能解；❸是避免双向偏心受压矩形柱下独立基础弯矩与轴力比值较小时，❷的解答无根的情况，如果无根，则此基础是由❹轴心压力控制，而非偏心荷载控制；❺的number = 0.1m，即让基础底面的宽度和长度是 0.1m 的倍数，使计算结果便于工程应用。具体见代码清单 3-4。

代码清单	3-4

```python
# -*- coding: utf-8 -*-
import sympy as sp
from datetime import datetime


def dimension_of_independent_foundation(d,Mkx,Mky,Fk,fa,γ,number):
    '''直接确定双向偏心受压柱下独立基础底面尺寸'''
    sp.init_printing()
    b = sp.symbols('b', real=True)          ❶
    f = sp.Function('f')


    n = min(max(Mkx/Mky,Mky/Mkx),2)
    l = n*b
    A = b*l
    Wx = b*l**2/6
    Wy = l*b**2/6
    f = Fk/A+γ*d+Mkx/Wx+Mky/Wy-1.2*fa       ❷


    if len(sp.solve(f, b)) == 0:            ❸
        f = Fk/A+γ*d-1.0*fa                  ❹
        b = max(sp.solve(f,b))
    else:
        f = Fk/A+γ*d+Mkx/Wx+Mky/Wy-1.2*fa
        b = max(sp.solve(f,b))
```

```
    b = number*((b//number)+1)                    ❺
    l = number*((n*b//number)+1)
    A = b*l
    Wx = b*l**2/6
    Wy = l*b**2/6
    pkmax = Fk/A+γ*d+Mkx/Wx+Mky/Wy
    pkmin = Fk/A+γ*d-Mkx/Wx-Mky/Wy
    pk = Fk/A+γ*d

    return n, b, l, A, Wx, Wy, pkmax, pkmin, pk, f

def main():
    print('\n',dimension_of_independent_foundation.__doc__,'\n')
    '''输入计算基础底面尺寸的基本参数'''
    '''                        d,   Mkx, Mky,  Fk,   fa,   γ,  number '''
    d,Mkx,Mky,Fk,fa,γ,number = 2.0, 60,  110,  800, 160,  20, 0.1
    results=dimension_of_foundation(d,Mkx,Mky,Fk,fa,γ,number)
    n, b, l, A, Wx, Wy, pkmax, pkmin, pk, f = results
    print('-'*m)
    print('构建的方程：f')
    sp.pprint(f)
    print('-'*m)
    print(f'合理的基础底面的长宽比               n = {n:<3.2f} ')
    print(f'荷载作用下求得的基础底面宽度         b = {b:<3.2f} m')
    print(f'荷载作用下求得的基础底面长度         l = {l:<3.2f} m')
    print(f'荷载作用下求得的基础底面面积         A = {A:<3.2f} m^2')
    print(f'荷载作用下求得的基础底面抵抗矩      Wx = {Wx:<3.2f} m^3')
    print(f'荷载作用下求得的基础底面抵抗矩      Wy = {Wy:<3.2f} m^3')
    print(f'地基承载力特征值的1.2倍          1.2fa = {1.2*fa:<3.2f} kPa')
    print(f'偏心荷载作用下求得               pkmax = {pkmax:<3.2f} kPa')
    if pkmax <= 1.2*fa:
        print('符合偏心荷载作用下《地规》的要求。')
    print(f'偏心荷载作用下求得               pkmin = {pkmin:<3.2f} kPa')
    print(f'地基承载力特征值的1.0倍             fa = {fa:<3.2f} kPa')
    print(f'轴心荷载作用下求得                  pk = {pk:<3.2f} kPa')
    if pk <= fa:
        print('符合轴心荷载作用下《地规》的要求。')

    dt = datetime.now()
    localtime = dt.strftime('%Y-%m-%d   %H:%M:%S')
```

```
print('-'*m)
print("本计算书生成时间 :", localtime)

filename = '双向偏心受压柱下独立基础底面尺寸确定的直接法.docx'
with open(filename,'w',encoding = 'utf-8') as f:
    f.write('\n'+ dimension_of_independent_foundation.__doc__+'\n')
    f.write('计算结果：\n',)
    f.write(f'合理的基础底面的长宽比          n = {n:<3.2f} \n')
    f.write(f'荷载作用下求得的基础底面宽度     b = {b:<3.2f} m \n')
    f.write(f'荷载作用下求得的基础底面长度     l = {l:<3.2f} m \n')
    f.write(f'荷载作用下求得的基础底面面积     A = {A:<3.2f} m^2 \n')
    f.write(f'荷载作用下求得的基础底面抵抗矩 Wx = {Wx:<3.2f} m^3 \n')
    f.write(f'荷载作用下求得的基础底面抵抗矩 Wy = {Wy:<3.2f} m^3 \n')
    f.write(f'地基承载力特征值的1.2 倍       1.2fa = {1.2*fa:<3.2f} kPa \n')
    f.write(f'偏心荷载作用下求得           pkmax = {pkmax:<3.2f} kPa \n')
    f.write(f'偏心荷载作用下求得           pkmin = {pkmin:<3.2f} kPa \n')
    f.write(f'地基承载力特征值的1.0 倍        fa = {fa:<3.2f} kPa \n')
    f.write(f'轴心荷载作用下求得            pk = {pk:<3.2f} kPa \n')
    f.write(f'本计算书生成时间 : {localtime}')

if __name__ == "__main__":
    m = 66
    print('='*m)
    main()
    print('='*m)
```

3.4.3 输出结果

运行代码清单 3-4，可以得到输出结果 3-4。输出结果 3-4 中：❶为代码清单 3-4 中❷或❹构建的方程；❷为判定计算结果是否满足偏心荷载作用下《地规》的要求；❸为判定计算结果是否满足轴心荷载作用下《地规》的要求。

输 出 结 果 3-4

直接确定双向偏心受压柱下独立基础底面尺寸

构建的方程：f

$$-152.0 + \frac{436.363636363636}{b^{2}} + \frac{467.107438016529}{b^{3}}$$ ❶

```
--------------------------------------------------
合理的基础底面的长宽比              n = 1.83
荷载作用下求得的基础底面宽度        b = 2.10 m
荷载作用下求得的基础底面长度        l = 3.90 m
荷载作用下求得的基础底面面积        A = 8.19 m^2
荷载作用下求得的基础底面抵抗矩      Wx = 5.32 m^3
荷载作用下求得的基础底面抵抗矩      Wy = 2.87 m^3
地基承载力特征值的 1.2 倍          1.2fa = 192.00 kPa
偏心荷载作用下求得                pkmax = 187.33 kPa
符合偏心荷载作用下《地规》的要求。
偏心荷载作用下求得                pkmin = 88.03 kPa
地基承载力特征值的 1.0 倍          fa = 160.00 kPa
轴心荷载作用下求得                pk = 137.68 kPa
符合轴心荷载作用下《地规》的要求。
```
❷

❸

3.5　偏心受压矩形柱下独立基础底面尺寸验算

3.5.1　项目描述

偏心受压矩形柱下独立基础底面尺寸验算仅截面抵抗矩不同，采用的规范条文与 3.1.1 节的项目描述一致，不再赘述。

3.5.2　项目代码

本计算程序可对偏心受压矩形柱下独立基础底面尺寸进行验算。代码清单 3-5 中：❶定义单向偏心受压柱下独立基础底面尺寸验算函数；❷表示基础的偏心距较小时，独立基础底面尺寸由轴心荷载控制；❸表示偏心距较大时，根据《建筑地基基础设计规范》（GB 50007—2011）第 5.2.2 条第 3 款计算；❹表示除❷、❸两种情况外，按照一般的偏心荷载计算公式计算；❺给出程序验算的初始值。具体见代码清单 3-5。

代 码 清 单

3-5

```
# -*- coding: utf-8 -*-
from datetime import datetime


def dimension_of_independ_foundation(d,b,l,Mk,Fk,fa,γ):
    '''单向偏心受压柱下独立基础底面尺寸验算'''
    A = b*l
    W = b*l**2/6
```
❶

```
        Gk = γ*d*A
        e = Mk/(Fk+Gk)
        if e <= b/30:                          ❷
            print('独立基础底面尺寸由轴心荷载控制。')
        else:
            print('独立基础底面尺寸由偏心荷载控制。')
        if e > l/6:                            ❸
            a = l/2-e
            pkmax = 2*(Fk+Gk)/(3*l*a)
            pkmin = 0
        else:                                  ❹
            pkmax = Fk/A+γ*d+Mk/W
            pkmin = Fk/A+γ*d-Mk/W
        pk = Fk/A+γ*d
        return  e, W, pkmax, pkmin, pk, A, Gk


def main():
    print('\n',dimension_of_independ_foundation.__doc__)
    print('-'*m)
    '''输入计算基础底面尺寸的基本参数'''
    '''                    d,   b,  l, Mk,  Fk,  fa,   γ '''
    d,b,l,Mk,Fk,fa,γ = 1.6, 3,  6, 202, 156, 160, 20      ❺
    results = dimension_of_independ_foundation(d,b,l,Mk,Fk,fa,γ)
    e,W,pkmax,pkmin,pk,A,Gk= results
    if e <= l/6:
        print('按照《地规》式（5.2.2-2）和式（5.2.2-3）计算 pkmax, pkmin。')
    else:
        print('按照《地规》式（5.2.2-4）计算 pkmax。')
    print('-'*m)

    if e !=0:
        print(f'基础的偏心距                  e = {e:<3.3f} m')
        print(f'基础底面长边的 1/6          b/6 = {1/6:<3.2f} m ')
    print(f'基础底面宽度                  b = {b:<3.2f} m')
    print(f'基础底面长度                  l = {l:<3.2f} m')
    print(f'基础底面面积                  A = {A:<3.2f} m^2')
    print(f'基础底面抵抗矩                W = {W:<3.2f} m^3')
    print('-------独立基础底面几何尺寸及截面特性参数值。-------')
    print(f'地基承载力特征值的 1.2 倍    1.2fa = {1.2*fa:<3.2f} kPa')
    print(f'偏心荷载作用下求得          pkmax = {pkmax:<3.2f} kPa')
```

```python
    print(f'偏心荷载作用下求得              pkmin = {pkmin:<3.2f} kPa')
    if pkmax <= 1.2*fa:
        print('-------符合偏心荷载作用下《地规》的要求。-------')
    print(f'地基承载力特征值的 1.0 倍       fa = {fa:<3.2f} kPa')
    print(f'轴心荷载作用下求得             pk = {pk:<3.2f} kPa')
    if pk <= fa:
        print('-------符合轴心荷载作用下《地规》的要求。-------')

    dt = datetime.now()
    localtime = dt.strftime('%Y-%m-%d  %H:%M:%S')
    print('-'*m)
    print("本计算书生成时间 :", localtime)

    filename = '单向偏心受压柱下独立基础底面尺寸验算.docx'
    with open(filename,'w',encoding = 'utf-8') as f:
        f.write('\n'+ dimension_of_independ_foundation.__doc__+'\n')
        f.write('计算结果: \n',)
        f.write(f'基础底面宽度              b = {b:<3.2f} m \n')
        f.write(f'基础底面长度              l = {l:<3.2f} m \n')
        f.write(f'基础底面面积              A = {A:<3.2f} m^2 \n')
        f.write(f'基础底面抵抗矩            W = {W:<3.2f} m^3 \n')
        f.write(f'地基承载力特征值的 1.2 倍  1.2fa = {1.2*fa:<3.2f} kPa \n')
        f.write(f'偏心荷载作用下求得        pkmax = {pkmax:<3.2f} kPa \n')
        f.write(f'偏心荷载作用下求得        pkmin = {pkmin:<3.2f} kPa \n')
        f.write(f'地基承载力特征值的 1.0 倍   fa = {fa:<3.2f} kPa \n')
        f.write(f'轴心荷载作用下求得        pk = {pk:<3.2f} kPa \n')
        f.write(f'本计算书生成时间 : {localtime}')

if __name__ == "__main__":
    m = 66
    print('='*m)
    main()
    print('='*m)
```

3.5.3 输出结果

运行代码清单 3-5，可以得到输出结果 3-5。输出结果 3-5 中：❶判断基础底面尺寸由轴心荷载还是偏心荷载控制；❷计算独立基础底面几何尺寸及截面特性参数值；❸判断是否符合偏心荷载作用下《地规》的要求；❹判断是否符合轴心荷载作用下《地规》的要求。

输出 结 果 3-5

单向偏心受压柱下独立基础底面尺寸验算

独立基础底面尺寸由偏心荷载控制。 ❶
按照《地规》式（5.2.2-2）和式（5.2.2-3）计算 pkmax, pkmin。

基础的偏心距	e =	0.276 m
基础底面长边的 1/6	1/6 =	1.00 m
基础底面宽度	b =	3.00 m
基础底面长度	l =	6.00 m
基础底面面积	A =	18.00 m^2
基础底面抵抗矩	W =	18.00 m^3

-------独立基础底面几何尺寸及截面特性参数值。------- ❷

地基承载力特征值的 1.2 倍	1.2fa =	192.00 kPa
偏心荷载作用下求得	pkmax =	51.89 kPa
偏心荷载作用下求得	pkmin =	29.44 kPa

-------符合偏心荷载作用下《地规》的要求。------- ❸

地基承载力特征值的 1.0 倍	fa =	160.00 kPa
轴心荷载作用下求得	pk =	40.67 kPa

-------符合轴心荷载作用下《地规》的要求。------- ❹

3.6 偏心受压梯形独立基础底面尺寸验算

3.6.1 项目描述

偏心受压梯形独立基础（图 3-2）底面尺寸验算仅截面抵抗矩不同，采用的规范条文与
3.1.1 节的项目描述一致，不再赘述。

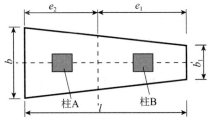

图 3-2 梯形独立基础

梯形基础的截面抵抗矩为：

$$W = \frac{l^2(b^2 + 4bb_1 + b_1^2)}{12(2b + b_1)} \tag{3-5}$$

式中：l——梯形基础底面的长边；

　　　b——梯形基础底面的宽度较大值；

　　　b_1——梯形基础底面的宽度较小值。

3.6.2　项目代码

本计算程序可对偏心受压梯形独立基础底面尺寸进行验算。代码清单 3-6 中：❶定义计算梯形基础的几何参数的函数；❷定义偏心受压梯形基础底面尺寸验算的函数；❸、❹给出验算函数的基本参数初始值。具体见代码清单 3-6。

代码清单　　　　　　　　　　　　　　　　　　3-6

```python
# -*- coding: utf-8 -*-
from datetime import datetime

def trapezoid(l,b,b1):                              ❶
    A = l*(b+b1)/2
    c = l*(2*b+b1)/(3*(b+b1))
    I = l**3*(b**2+4*b*b1+b1**2)/(36*(b+b1))
    W = l**2*(b**2+4*b*b1+b1**2)/(12*(2*b+b1))
    return A, c, I, W

def independ_foundation(A,c,I,d,l,Mk,Fk,fa,γ):      ❷
    '''偏心受压梯形基础底面尺寸验算'''
    Gk = γ*d*A
    e = Mk/(Fk+Gk)
    if e > l/6:
        a = l/2-e
        pkmax = 2*(Fk+Gk)/(3*l*a)
        pkmin = 0
    else:
        pkmax = Fk/A+γ*d+Mk/I*(l-c)
        pkmin = Fk/A+γ*d-Mk/I*c
    pk = Fk/A+γ*d
    return e, pkmax, pkmin, pk, A, Gk

def main():
    print('\n',independ_foundation.__doc__)
    print('-'*m)
    '''              d,   Mk,   Fk,   fa,   γ '''
```

```python
d,Mk,Fk,fa,γ = 1.5, 228, 1200, 205, 20        ❸
l,b,b1 = 2.5,4.4,2                             ❹

A, c, I, W = trapezoid(l,b,b1)
e,pkmax,pkmin,pk,A,Gk = independ_foundation(A,c,I,d,l,Mk,Fk,fa,γ)
if e <= l/6:
    print('按照《地规》式（5.2.2-2）和式（5.2.2-3）计算 pkmax, pkmin。')
else:
    print('按照《地规》式（5.2.2-4）计算 pkmax。')
print('-'*m)
if e !=0:
    print(f'基础的偏心距                  e = {e:<3.3f} m')
    print(f'基础底面长边的1/6            l/6 = {l/6:<3.2f} m ')
print(f'梯形基础底面宽度                b = {b:<3.2f} m')
print(f'梯形基础底面宽度               b1 = {b1:<3.2f} m')
print(f'梯形基础底面长度                l = {l:<3.2f} m')
print(f'梯形基础底面面积                A = {A:<3.2f} m^2')
print('-------独立基础底面几何尺寸及截面特性参数值。-------')
print(f'地基承载力特征值的1.2倍       1.2fa = {1.2*fa:<3.2f} kPa')
print(f'偏心荷载作用下求得           pkmax = {pkmax:<3.2f} kPa')
print(f'偏心荷载作用下求得           pkmin = {pkmin:<3.2f} kPa')
if pkmax <= 1.2*fa:
    print('-------符合偏心荷载作用下《地规》的要求。-------')
print(f'地基承载力特征值的1.0倍         fa = {fa:<3.2f} kPa')
print(f'轴心荷载作用下求得              pk = {pk:<3.2f} kPa')
if pk <= fa:
    print('-------符合轴心荷载作用下《地规》的要求。-------')

dt = datetime.now()
localtime = dt.strftime('%Y-%m-%d  %H:%M:%S')
print('-'*m)
print("本计算书生成时间 :", localtime)

filename = '单向偏心受压梯形独立基础底面尺寸验算.docx'
with open(filename,'w',encoding = 'utf-8') as f:
    f.write('\n'+ independ_foundation.__doc__+'\n')
    f.write('计算结果: \n',)
    f.write(f'梯形基础底面宽度                b = {b:<3.2f} m')
    f.write(f'梯形基础底面宽度               b1 = {b1:<3.2f} m')
    f.write(f'梯形基础底面长度                l = {l:<3.2f} m')
```

```
        f.write(f'梯形基础底面面积              A = {A:<3.2f} m^2')
        f.write(f'地基承载力特征值的 1.2 倍   1.2fa = {1.2*fa:<3.2f} kPa \n')
        f.write(f'偏心荷载作用下求得          pkmax = {pkmax:<3.2f} kPa \n')
        f.write(f'偏心荷载作用下求得          pkmin = {pkmin:<3.2f} kPa \n')
        f.write(f'地基承载力特征值的 1.0 倍     fa = {fa:<3.2f} kPa \n')
        f.write(f'轴心荷载作用下求得             pk = {pk:<3.2f} kPa \n')
        f.write(f'本计算书生成时间 : {localtime}')

if __name__ == "__main__":
    m = 66
    print('='*m)
    main()
    print('='*m)
```

3.6.3　输出结果

运行代码清单 3-6，可以得到输出结果 3-6。输出结果 3-6 中：❶给出梯形基础底面几何尺寸及截面特性参数值；❷判断是否符合偏心荷载作用下《地规》的要求；❸判断是否符合轴心荷载作用下《地规》的要求。

输 出 结 果

3-6

偏心受压梯形基础底面尺寸验算

按照《地规》式（5.2.2-2）和式（5.2.2-3）计算 pkmax, pkmin。

基础的偏心距   e = 0.158 m
基础底面长边的1/6   1/6 = 0.42 m
梯形基础底面宽度   b = 4.40 m
梯形基础底面宽度   b1 = 2.00 m
梯形基础底面长度   l = 2.50 m
梯形基础底面面积   A = 8.00 m^2
-------独立基础底面几何尺寸及截面特性参数值。-------   ❶
地基承载力特征值的 1.2 倍   1.2fa = 246.00 kPa
偏心荷载作用下求得   pkmax = 242.79 kPa
偏心荷载作用下求得   pkmin = 99.27 kPa
-------符合偏心荷载作用下《地规》的要求。-------   ❷
地基承载力特征值的 1.0 倍   fa = 205.00 kPa
轴心荷载作用下求得   pk = 180.00 kPa
-------符合轴心荷载作用下《地规》的要求。-------   ❸

3.7 偏心受压圆形柱下独立基础底面尺寸验算

3.7.1 项目描述

偏心受压圆形柱下独立基础底面尺寸验算仅截面抵抗矩不同，采用的规范条文与 3.1.1 节的项目描述一致，不再赘述。

3.7.2 项目代码

本计算程序可对偏心受压圆形柱下独立基础底面尺寸进行验算。代码清单 3-7 中：❶定义偏心受压圆形柱下独立基础底面尺寸验算的函数；❷表示基础的偏心距较小时，圆形柱下独立基础底面尺寸由轴心荷载控制；❸表示偏心距较大时，根据《建筑地基基础设计规范》（GB 50007—2011）第 5.2.2 条第 3 款计算；❹表示除❷、❸两种情况外，按照一般的偏心荷载计算公式计算；❺给出程序验算的初始值。具体见代码清单 3-7。

代 码 清 单	3-7

```python
# -*- coding: utf-8 -*-
from math import pi
from datetime import datetime


def dimension_of_independ_foundation(d,r,Mk,Fk,fa,γ):      ❶
    '''偏心受压圆形柱下独立基础底面尺寸验算'''
    A = pi*r**2
    W = pi*r**3/4
    Gk = γ*d*A
    e = Mk/(Fk+Gk)
    if e <= r/20:                                          ❷
        print('独立基础底面尺寸由轴心荷载控制。')
    else:
        print('独立基础底面尺寸由偏心荷载控制。')
    if e > r/4:                                            ❸
        a = r-e
        pkmax = 2*(Fk+Gk)/(3*2*r*a)
        pkmin = 0
    else:                                                  ❹
        pkmax = Fk/A+γ*d+Mk/W
```

```
            pkmin = Fk/A+γ*d-Mk/W
        pk = Fk/A+γ*d
        return A, W, e, pkmax, pkmin, pk


def main():
    print('\n',dimension_of_independ_foundation.__doc__)
    print('-'*m)
    '''                      d,   r,   Mk,   Fk,   fa,   γ '''
    d, r, Mk, Fk, fa, γ = 3.0, 3.2, 168, 1976, 180, 20          ❺
    results = dimension_of_independ_foundation(d,r,Mk,Fk,fa,γ)
    A, W,  e, pkmax, pkmin, pk = results
    if e <= r/4:
        print('按照《地规》式（5.2.2-2）和式（5.2.2-3）计算 pkmax, pkmin。')
    else:
        print('按照《地规》式（5.2.2-4）计算 pkmax。')
    print('-'*m)

    if e !=0:
        print(f'基础的偏心距               e = {e:<3.3f} m')
        print(f'基础底面长边的1/4          r/4 = {r/4:<3.2f} m ')
    print(f'荷载作用下求得的基础底面半径     r = {r:<3.2f} m')
    print(f'荷载作用下求得的基础底面面积     A = {A:<3.2f} m^2')
    print(f'荷载作用下求得的基础底面抵抗矩    W = {W:<3.2f} m^3')
    print('-------独立基础底面几何尺寸及截面特性参数值。-------')
    print(f'地基承载力特征值的1.2倍       1.2fa = {1.2*fa:<3.2f} kPa')
    print(f'偏心荷载作用下求得的          pkmax = {pkmax:<3.2f} kPa')
    print(f'偏心荷载作用下求得的          pkmin = {pkmin:<3.2f} kPa')
    if pkmax <= 1.2*fa:
        print('-------符合偏心荷载作用下《地规》的要求。-------')

    print(f'地基承载力特征值的1.0倍        fa = {fa:<3.2f} kPa')
    print(f'轴心荷载作用下求得的          pk = {pk:<3.2f} kPa')
    if pk <= fa:
        print('-------符合轴心荷载作用下《地规》的要求。-------')
    dt = datetime.now()
    localtime = dt.strftime('%Y-%m-%d  %H:%M:%S')
    print('-'*m)
    print("本计算书生成时间 :", localtime)

    filename = '偏心受压圆形柱下独立基础底面尺寸验算.docx'
```

```
with open(filename,'w',encoding = 'utf-8') as f:
    f.write('\n'+ dimension_of_independ_foundation.__doc__+'\n')
    f.write('计算结果：\n',)
    if e !=0:
        f.write(f'基础的偏心距              e = {e:<3.3f} m \n')
        f.write(f'基础底面长边的1/4         r/4 = {r/4:<3.2f} m \n')
    f.write(f'荷载作用下求得的基础底面半径    r = {r:<3.2f} m \n')
    f.write(f'荷载作用下求得的基础底面面积    A = {A:<3.2f} m^2 \n')
    f.write(f'荷载作用下求得的基础底面抵抗矩 W = {W:<3.2f} m^3 \n')
    f.write(f'地基承载力特征值的1.2倍    1.2fa = {1.2*fa:<3.2f} kPa \n')
    f.write(f'偏心荷载作用下求得的        pkmax = {pkmax:<3.2f} kPa \n')
    f.write(f'偏心荷载作用下求得的        pkmin = {pkmin:<3.2f} kPa \n')
    f.write(f'地基承载力特征值的1.0倍       fa = {fa:<3.2f} kPa \n')
    f.write(f'轴心荷载作用下求得          pk = {pk:<3.2f} kPa \n')
    f.write(f'本计算书生成时间 : {localtime}')


if __name__ == "__main__":
    m = 66
    print('='*m)
    main()
    print('='*m)
```

3.7.3 输出结果

运行代码清单 3-7，可以得到输出结果 3-7。输出结果 3-7 中：❶判断基础底面尺寸由轴心荷载还是偏心荷载控制；❷计算独立基础底面几何尺寸及截面特性参数值；❸判断是否符合偏心荷载作用下《地规》的要求；❹判断是否符合轴心荷载作用下《地规》的要求。

输 出 结 果　　　　　　　　　　　　　　　　　3-7

偏心受压圆形柱下独立基础底面尺寸验算

独立基础底面尺寸由轴心荷载控制。　　　　　　　　　　　　　　　　　❶
按照《地规》式（5.2.2-2）和式（5.2.2-3）计算 pkmax, pkmin。

基础的偏心距   e = 0.043 m
基础底面长边的1/4   r/4 = 0.80 m
荷载作用下求得的基础底面半径   r = 3.20 m
荷载作用下求得的基础底面面积   A = 32.17 m^2

荷载作用下求得的基础底面抵抗矩　　W = 25.74 m^3

-------独立基础底面几何尺寸及截面特性参数值。------- ❷

地基承载力特征值的 1.2 倍　　　1.2fa = 216.00 kPa

偏心荷载作用下求得的　　　　　　pkmax = 127.95 kPa

偏心荷载作用下求得的　　　　　　pkmin = 114.90 kPa

-------符合偏心荷载作用下《地规》的要求。------- ❸

地基承载力特征值的 1.0 倍　　　　　fa = 180.00 kPa

轴心荷载作用下求得的　　　　　　　pk = 121.42 kPa

-------符合轴心荷载作用下《地规》的要求。------- ❹

3.8　双向偏心受压柱下独立基础底面尺寸验算

3.8.1　项目描述

双向偏心受压柱下独立基础底面尺寸验算与 3.4.1 节的项目描述一致，不再赘述。

3.8.2　项目代码

本计算程序可对双向偏心受压柱下独立基础底面尺寸进行验算。代码清单 3-8 中：❶定义双向偏心受压柱下独立基础底面尺寸验算函数；❷表示基础的偏心距较小时，独立基础底面尺寸由轴心荷载控制；❸表示偏心距较大时，根据《建筑地基基础设计规范》（GB 50007—2011）的第 5.2.2 条第 3 款计算；❹表示除❷、❸两种情况外，按照一般的偏心荷载计算公式计算；❺给出程序验算的初始值。具体见代码清单 3-8。

代 码 清 单　　　　　　　　　　　　　　　　3-8

```
# -*- coding: utf-8 -*-
from datetime import datetime


def dimension_of_independ_foundation(d,b,l,Mkx,Mky,Fk,fa,γ):      ❶
    '''双向偏心受压柱下独立基础底面尺寸验算'''
    A = b*l
    Gk = γ*d*A
    Mk = max(Mkx, Mky)
    e = Mk/(Fk+Gk)
    if e <= b/30:                                    ❷
        print('独立基础底面尺寸由轴心荷载控制。')
```

```
    else:
        print('独立基础底面尺寸由偏心荷载控制。')
    if e < b/6:                                   ❸
        Wx = b*l**2/6
        Wy = l*b**2/6
        pkmax = Fk/A+γ*d+Mkx/Wx+Mky/Wy
        pkmin = Fk/A+γ*d-Mkx/Wx-Mky/Wy
    else:                                         ❹
        Mk = max(Mkx, Mky)
        e = Mk/(Fk+Gk)
        a = l/2-e
        pkmax = 2*(Fk+Gk)/(3*l*a)
        pkmin = 0
    pk = Fk/A+γ*d
    return  e, A, pkmax, pkmin, pk


def main():
    print('\n',dimension_of_independ_foundation.__doc__)
    print('-'*m)
    '''输入计算基础底面尺寸的基本参数'''
    '''                          d,  b, l, Mkx, Mky,  Fk, fa,  γ '''
    d,b,l,Mkx,Mky,Fk,fa,γ = 2.6, 3,  5,  180, 260,  168, 180, 20        ❺
    results = dimension_of_independ_foundation(d,b,l,Mkx,Mky,Fk,fa,γ)
    e, A, pkmax, pkmin, pk = results
    Wx = b*l**2/6
    Wy = l*b**2/6
    if e <= b/6:
        print('按照《地规》式（5.2.2-2）和式（5.2.2-3）计算 pkmax, pkmin。')
    else:
        print('按照《地规》式（5.2.2-4）计算 pkmax。')
    print('-'*m)

    if e !=0:
        print(f'基础的偏心距                     e = {e:<3.3f} m')
        print(f'基础底面长边的 1/6             b/6 = {b/6:<3.2f} m ')
    print(f'荷载作用下求得的基础底面宽度      b = {b:<3.2f} m')
    print(f'荷载作用下求得的基础底面长度      l = {l:<3.2f} m')
    print(f'荷载作用下求得的基础底面面积      A = {A:<3.2f} m^2')

    if e <= b/6:
```

```
            print(f'荷载作用下求得的基础底面抵抗矩     Wx = {Wx:<3.2f} m^3')
            print(f'荷载作用下求得的基础底面抵抗矩     Wy = {Wy:<3.2f} m^3')
    print('-------独立基础底面几何尺寸及截面特性参数值。-------')
    print(f'地基承载力特征值的 1.2 倍        1.2fa = {1.2*fa:<3.2f} kPa')
    print(f'偏心荷载作用下求得            pkmax = {pkmax:<3.2f} kPa')
    print(f'偏心荷载作用下求得            pkmin = {pkmin:<3.2f} kPa')
    if pkmax <= 1.2*fa:
        print('-------符合偏心荷载作用下《地规》的要求。-------')
    print(f'地基承载力特征值的 1.0 倍          fa = {fa:<3.2f} kPa')
    print(f'轴心荷载作用下求得            pk = {pk:<3.2f} kPa')
    if pk <= fa:
        print('-------符合轴心荷载作用下《地规》的要求。-------')


dt = datetime.now()
localtime = dt.strftime('%Y-%m-%d  %H:%M:%S')
print('-'*m)
print("本计算书生成时间 :", localtime)


filename = '双向偏心受压柱下独立基础底面尺寸验算.docx'
with open(filename,'w',encoding = 'utf-8') as f:
    f.write('\n'+ dimension_of_independ_foundation.__doc__+'\n')
    f.write('计算结果: \n',)
    if e !=0:
        f.write(f'基础的偏心距              e = {e:<3.3f} m \n')
        f.write(f'基础底面长边的 1/6      b/6 = {b/6:<3.2f} m  \n')
    f.write(f'荷载作用下求得的基础底面宽度     b = {b:<3.2f} m \n')
    f.write(f'荷载作用下求得的基础底面长度     l = {l:<3.2f} m \n')
    f.write(f'荷载作用下求得的基础底面面积     A = {A:<3.2f} m^2 \n')
    if e <= b/6:
        f.write(f'荷载作用下求得的基础底面抵抗矩   Wx = {Wx:<3.2f} m^3 \n')
        f.write(f'荷载作用下求得的基础底面抵抗矩   Wy = {Wy:<3.2f} m^3 \n')
    f.write('-------独立基础底面几何尺寸及截面特性参数值。------- \n')
    f.write(f'地基承载力特征值的 1.2 倍       1.2fa = {1.2*fa:<3.2f} kPa \n')
    f.write(f'偏心荷载作用下求得            pkmax = {pkmax:<3.2f} kPa \n')
    f.write(f'偏心荷载作用下求得            pkmin = {pkmin:<3.2f} kPa \n')
    if pkmax <= 1.2*fa:
        f.write('-------符合偏心荷载作用下《地规》的要求。------- \n')
    f.write(f'地基承载力特征值的 1.0 倍         fa = {fa:<3.2f} kPa \n')
    f.write(f'轴心荷载作用下求得            pk = {pk:<3.2f} kPa \n')
    if pk <= fa:
```

```
        f.write('-------符合轴心荷载作用下《地规》的要求。------- \n')
    f.write(f'本计算书生成时间 : {localtime}')

if __name__ == "__main__":
    m = 66
    print('='*m)
    main()
    print('='*m)
```

3.8.3　输出结果

运行代码清单 3-8，可以得到输出结果 3-8。输出结果 3-8 中：❶判断基础底面尺寸由轴心荷载还是偏心荷载控制；❷计算独立基础底面几何尺寸及截面特性参数值；❸判断是否符合偏心荷载作用下《地规》的要求；❹判断是否符合轴心荷载作用下《地规》的要求。

输 出 结 果   3-8

```
双向偏心受压柱下独立基础底面尺寸验算
----------------------------------------------------------------
独立基础底面尺寸由偏心荷载控制。                                            ❶
按照《地规》式（5.2.2-2）和式（5.2.2-3）计算 pkmax, pkmin。
----------------------------------------------------------------
基础的偏心距                     e = 0.274 m
基础底面长边的1/6            b/6 = 0.50 m
荷载作用下求得的基础底面宽度      b = 3.00 m
荷载作用下求得的基础底面长度      l = 5.00 m
荷载作用下求得的基础底面面积      A = 15.00 m^2
荷载作用下求得的基础底面抵抗矩   Wx = 12.50 m^3
荷载作用下求得的基础底面抵抗矩   Wy = 7.50 m^3
-------独立基础底面几何尺寸及截面特性参数值。-------                       ❷
地基承载力特征值的1.2倍        1.2fa = 216.00 kPa
偏心荷载作用下求得              pkmax = 112.27 kPa
偏心荷载作用下求得              pkmin = 14.13 kPa
-------符合偏心荷载作用下《地规》的要求。-------                           ❸
地基承载力特征值的1.0倍           fa = 180.00 kPa
轴心荷载作用下求得               pk = 63.20 kPa
-------符合轴心荷载作用下《地规》的要求。-------                           ❹
```

3.9 验算持力层和软弱下卧层

3.9.1 项目描述

根据《建筑地基基础设计规范》（GB 50007—2011）第 5.2.7 条，软弱下卧层验算见流程图 3-2，计算简图见图 3-3。

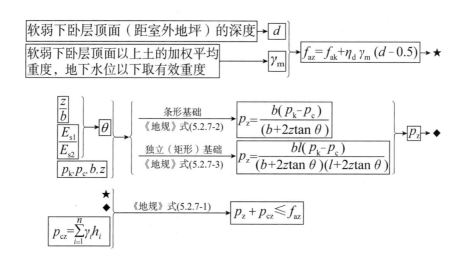

流程图 3-2 软弱下卧层验算

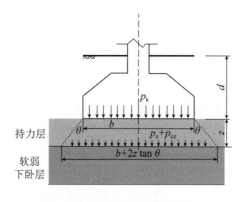

图 3-3 软弱下卧层计算简图

3.9.2 项目代码

本计算程序可对验算持力层和软弱下卧层进行验算。代码清单 3-9 中：❶定义计算修正后的地基承载力特征值的函数；❷定义持力层验算的函数；❸定义软弱下卧层验算的函数；❹给出修正后的地基承载力特征值参数的初始值；❺给出持力层验算参数的初始值；❻给出软弱下卧层验算参数的初始值。具体见代码清单3-9。

代码清单   3-9

```python
# -*- coding: utf-8 -*-
from math import tan, radians

def fa1(fak,b,ηb1,γ,d,ηd1,γm1):                    ❶
    fa = fak+ηb1*γ*(b-3)+ηd1*γm1*(d-0.5)
    return fa


def Bearing_stratum(b,l,Mk,Fk,d,fa):               ❷
    #持力层承载力计算
    A = b*l
    W = b*l**2/6
    γG = 20
    Gk = γG*b*l*d
    pk = (Fk+Gk)/A
    a = l/2-Mk/W
    pkmax = 2*(Fk+Gk)/(3*l*a)*(((Fk+Gk)/A-Mk/W) <= 0) + \
            ((Fk+Gk)/A+Mk/W)*(((Fk+Gk)/A-Mk/W) > 0)
    pkmin = 0*(((Fk+Gk)/A-Mk/W) <= 0) + \
            ((Fk+Gk)/A-Mk/W)*(((Fk+Gk)/A-Mk/W) > 0)
    return pkmin, pkmax, pk


def Underlying_layer(Fk,fak2,Es1,Es2,ηd2,γG,d,b,l,z,γ,γm2):    ❸
    #软弱下卧层计算
    faz = fak2+ηd2*γm2*(d+z-0.5)
    σcz = γ*d+γm2*d
    σc = γ*d
    m = z/b
    α = Es1/Es2
    θ = 0*(m<0.25) + \
       (2*α+(m-0.25)*(20-α)/0.25)*((0.25<= m) \
        & (m <=0.5) & (3.0<=α) & (α<=10.0)) + (20+α)*(m>0.5)

    θ = radians(θ)
    A = b*l
    Gk = γG*b*l*d
```

```python
    pk = (Fk+Gk)/A
    σz = (pk-σc)*b*l/((b+2*z*tan(θ))*(l+2*z*tan(θ)))
    σz_cz = σz+σcz
    return faz, α, θ, σz_cz


def main():
    '''输入计算基础底面尺寸的基本参数'''
    '''                      fak1, b,    ηb1, γ,    d,    ηd1, γm1 '''
    fak,b,ηb1,γ,d,ηd1,γm1 = 160,  2.2,  1.3, 16,  1.6,  1.1, 16          ❹
    fa = fa1(fak,b,ηb1,γ,d,ηd1,γm1)

    '''输入计算基础底面持力层的基本参数'''        ❺
    '''          l,  Mk,  Fk '''
    l,Mk,Fk = 3,  60,  300
    pkmin, pkmax, pk = Bearing_stratum(b,l,Mk,Fk,d,fa)

    '''输入计算基础下卧层顶面的基本参数'''        ❻
    '''    Fk,  fak2,Es1,Es2, ηd2, γG,   d, z, γ, γm2 '''
    para = 110, 80,  2,   6,   1.0, 20,   5, 3, 16, 12
    Fk,fak2,Es1,Es2,ηd2,γG,d,z,γ,γm2 = para
    faz,α,θ,σz_cz = Underlying_layer(Fk,fak2,Es1,Es2,ηd2,γG,d,b,l,z,γ,γm2)
    A = b*l
    W = b*l**2/6


    print(f'基础底面宽度                b = {b:<3.2f} m')
    print(f'基础底面长度                l = {l:<3.2f} m')
    print(f'基础底面面积                A = {A:<3.2f} m^2')
    print(f'基础底面抵抗矩              W = {W:<3.2f} m^3')
    print('-------独立基础底面几何尺寸及截面特性参数值。-------')
    print(f'地基承载力特征值的 1.2 倍      1.2fa = {1.2*fa:<3.2f} kPa')
    print(f'偏心荷载作用下求得          pkmax = {pkmax:<3.2f} kPa')
    print(f'偏心荷载作用下求得          pkmin = {pkmin:<3.2f} kPa')
    if pkmax <= 1.2*fa:
        print('-------符合偏心荷载作用下《地规》的要求。-------')
    else:
        print('持力层承载力不满足《地规》的要求，增大基础尺寸后，重新计算！')
    print(f'地基承载力特征值的 1.0 倍      fa = {fa:<3.2f} kPa')
    print(f'轴心荷载作用下求得          pk = {pk:<3.2f} kPa')
    if pk <= fa:
        print('-------符合轴心荷载作用下《地规》的要求。-------')
```

```python
        else:
            print('持力层承载力不满足《地规》的要求，增大基础尺寸后，重新计算！')
        if σz_cz <= faz:
            print(f'σz+σcz = {σz_cz:<3.2f}kPa <= faz = {faz:<3.2f} kPa')
            print('-------软弱下卧层满足《地规》的要求。-------')
        else:
            print(f'σz+σcz = {σz_cz:<3.2f}kPa > faz = {faz:<3.2f} kPa')
            print('软弱下卧层不满足《地规》的要求，增大基础尺寸后，重新计算！-')

        with open('验算地基持力层和软弱下卧层.docx','w',encoding = 'utf-8') as f:
            f.write('本计算程序为轴压桩基根数确定程序： \n')
            f.write(f'基础底面宽度                    b = {b:<3.2f} m \n')
            f.write(f'基础底面长度                    l = {l:<3.2f} m \n')
            f.write(f'基础底面面积                    A = {A:<3.2f} m^2 \n')
            f.write(f'基础底面抵抗矩                  W = {W:<3.2f} m^3 \n')
            f.write('-------独立基础底面几何尺寸及截面特性参数值。------- \n')
            f.write(f'地基承载力特征值的 1.2 倍      1.2fa = {1.2*fa:<3.2f} kPa \n')
            f.write(f'偏心荷载作用下求得             pkmax = {pkmax:<3.2f} kPa \n')
            f.write(f'偏心荷载作用下求得             pkmin = {pkmin:<3.2f} kPa \n')
            if pkmax <= 1.2*fa:
                f.write('-------符合偏心荷载作用下《地规》的要求。------- \n')
            else:
                f.write('持力层承载力不满足规范要求，增大基础尺寸后，重新计算！ \n')
                f.write(f'地基承载力特征值的 1.0 倍      fa = {fa:<3.2f} kPa \n')
                f.write(f'轴心荷载作用下求得             pk = {pk:<3.2f} kPa \n')
            if pk <= fa:
                f.write('-------符合轴心荷载作用下《地规》的要求。------- \n')
            else:
                f.write('持力层承载力不满足规范要求，增大基础尺寸后，重新计算！ \n')
            if σz_cz <= faz:
                f.write(f'σz+σcz = {σz_cz:<3.2f}kPa <= faz = {faz:<3.2f} kPa \n')
                f.write('-------软弱下卧层满足《地规》的要求。------- \n')
            else:
                f.write(f'σz+σcz = {σz_cz:<3.2f}kPa > faz = {faz:<3.2f} kPa \n')
                f.write('---软弱下卧层不满足规范要求，增大基础尺寸后，重新计算！ \n')

if __name__ == "__main__":
    m = 66
    print('='*m)
    main()
```

```
print('='*m)
```

3.9.3　输出结果

运行代码清单 3-9，可以得到输出结果 3-9。输出结果 3-9 中：❶为独立基础底面几何尺寸及截面特性参数值；❷判断是否符合偏心荷载作用下《地规》的要求；❸判断是否符合轴心荷载作用下《地规》的要求；❹判断软弱下卧层是否满足《地规》的要求。

输 出 结 果   3-9

基础底面宽度	b = 2.20 m	
基础底面长度	l = 3.00 m	
基础底面面积	A = 6.60 m^2	
基础底面抵抗矩	W = 3.30 m^3	
-------独立基础底面几何尺寸及截面特性参数值。-------		❶
地基承载力特征值的 1.2 倍	1.2fa = 195.26 kPa	
偏心荷载作用下求得	pkmax = 95.64 kPa	
偏心荷载作用下求得	pkmin = 59.27 kPa	
-------符合偏心荷载作用下《地规》的要求。-------		❷
地基承载力特征值的 1.0 倍	fa = 162.72 kPa	
轴心荷载作用下求得	pk = 77.45 kPa	
-------符合轴心荷载作用下《地规》的要求。-------		❸
σz+σcz = 150.47kPa <= faz = 170.00 kPa		
-------软弱下卧层满足《地规》的要求。-------		❹

3.10　墙下条形基础底面尺寸确定的直接法

3.10.1　项目描述

墙下条形基础底面的宽度（图 3-4）为：

$$B_i = \frac{N_{ki}}{f_a - \gamma d} \tag{3-6}$$

相应于作用的标准组合时产生的上部结构总竖向力为：

$$F_k = \sum_{i=1}^{n} N_{ki} L_i \tag{3-7}$$

$$A = \sum_{i=1}^{n} B_i L_i - \sum_{i=1}^{m} \Delta S_i \tag{3-8}$$

当忽略基础底面宽度对地基承载力的修正时，任一道墙 i 与某指定的①墙段存在如下

比例关系:

$$\frac{B_i}{B_1} = \frac{N_{ki}}{N_{k1}} \tag{3-9}$$

令

$$\left.\begin{array}{l} \dfrac{B_1}{B_1} = \dfrac{N_{k1}}{N_{k1}} = K_1 \\ \vdots \\ \dfrac{B_i}{B_1} = \dfrac{N_{ki}}{N_{k1}} = K_i \\ \vdots \\ \dfrac{B_n}{B_1} = \dfrac{N_{kn}}{N_{k1}} = K_n \end{array}\right\} \tag{3-10}$$

将式(3-9)、式(3-10)代入式(3-7)得:

$$B_1 = \frac{\displaystyle\sum_{i=1}^{n} K_i L_i - \sqrt{\left(\displaystyle\sum_{i=1}^{n} K_i L_i\right)^2 - \frac{N_{k1}\displaystyle\sum_{i=1}^{n} K_i L_i \times \displaystyle\sum_{i=1}^{m} K_i K_j}{f_a - \gamma d}}}{0.5\displaystyle\sum_{i=1}^{n} K_i L_i} \tag{3-11}$$

则有

$$B_i = B_1 K_j \tag{3-12}$$

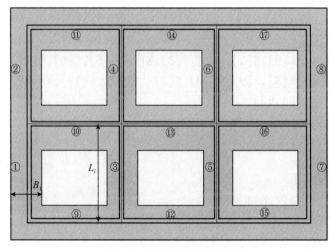

图 3-4　条形基础计算简图

3.10.2　项目代码

本计算程序为墙下条形基础底面尺寸确定的直接法。代码清单 3-10 中:❶定义确定墙下条形基础底面尺寸的直接法的函数;❷定义条形基础底面宽度 b 为参数;❸采用 NumPy 的点积函数计算 $F_k = \displaystyle\sum_{i=1}^{n} N_{ki} L_i$;❹计算参数 K;❺计算参数 B、B_1、B_2;❻采用 NumPy 的点积函数计算$0.5\sum\limits_{i=1}^{n}K_iL_i$；❼采用 NumPy 的点积函数计算式(3-8)；❽计算基底平均压力值；

❾构建方程；❿求解条形基础的基本宽度值；⓫求解各个条形基础的设计宽度值。

代码清单

3-10

```
# -*- coding: utf-8 -*-
import sympy as sp
import numpy as np
from datetime import datetime

def dimension_of_independ_foundation(γ,d,fa,Nk,L,number):        ❶
    '''确定墙下条形基础底面尺寸的直接法'''
    sp.init_printing()
    b = sp.symbols('b', real=True)                               ❷
    f = sp.Function('f')

    Fk = np.dot(Nk,L)                                            ❸
    K = []
    for Nki in Nk:
        K.append(Nki/Nk[0])                                     ❹
    B = np.array([K[0],K[1],K[2],K[3],K[4],K[5],K[6],K[7],
                K[8],K[9],K[10],K[11],K[12],K[13],K[14],K[15]])*b    ❺

    B1 = np.array([K[0],K[1],K[2],K[3],K[4],K[5],K[6],K[7]])*b
    B2 = np.array([K[8],K[9],K[10],K[11],K[12],K[13],K[14],K[15]])*b
    S = 0.5*np.dot(B1,B2)                                        ❻
    A = np.dot(B,L)-S                                            ❼

    pk = Fk/A+γ*d                                                ❽
    f = pk-1.0*fa                                                ❾
    b = min(sp.solve(f,b))                                       ❿
    b = number*((b//number)+1)
    B = np.array([K[0],K[1],K[2],K[3],K[4],K[5],K[6],K[7],
                K[8],K[9],K[10],K[11],K[12],K[13],K[14],K[15]])*b    ⓫

    return B, f

def main():
    print('\n',dimension_of_independ_foundation.__doc__)
    print('-'*m)
    '''输入计算基础底面尺寸的基本参数'''
```

```
    '''                    d, fa,  γ,  number '''
    d, fa, γ, number = 3, 150, 20, 0.1

    Nkv = np.array([150,160,170,150,150,160,170,150])
    Nkh = np.array([150,160,170,150,150,160,170,150])
    Nk = np.concatenate((Nkv,Nkh))

    Lv = np.array([10,15,10,15,10,15,10,15])   # 竖向墙段长度
    Lh = np.array([10,15,10,15,10,15,10,15])   # 水平墙段长度
    L = np.concatenate((Lv,Lh))
    B,f = dimension_of_independ_foundation(γ,d,fa,Nk,L,number)

    print('求取独立基础底面宽度 b 的方程 f = ')
    sp.pprint(f)
    for i,b in enumerate(B):
        print(f'第{i+1:>2}段条形基础底面宽度    b{i+1} = {b:<3.2f} m')

    dt = datetime.now()
    localtime = dt.strftime('%Y-%m-%d  %H:%M:%S')
    print('-'*m)
    print("本计算书生成时间 :", localtime)

    filename = '墙下条形基础底面尺寸确定的直接法.docx'
    with open(filename,'w',encoding = 'utf-8') as f:
        f.write('\n'+ dimension_of_independ_foundation.__doc__+'\n')
        f.write('计算结果: \n',)
        for i,b in enumerate(B):
            f.write(f'第{i+1:>2}段条形基础底面宽度    b{i+1} = {b:<3.2f} m \n')
        f.write(f'本计算书生成时间 : {localtime}')

if __name__ == "__main__":
    m = 66
    print('='*m)
    main()
    print('='*m)
```

3.10.3 输出结果

运行代码清单 3-10，可以得到输出结果 3-10。输出结果 3-10 中：❶构建确定墙下条形基础底面尺寸的方程；❷及以下为各墙段的基础底面宽度计算值。

输 出 结 果   3-10

直接确定墙下条形基础底面尺寸的直接法

计算墙下条形基础底面尺寸 b 的方程

$$f = -90.0 + \dfrac{31400}{-2.21111111111111 \cdot b^2 + 209.333333333333 \cdot b}$$ ❶

第 1 段条形基础底面宽度   b1 = 1.70 m   ❷
第 2 段条形基础底面宽度   b2 = 1.81 m
第 3 段条形基础底面宽度   b3 = 1.93 m
第 4 段条形基础底面宽度   b4 = 1.70 m
第 5 段条形基础底面宽度   b5 = 1.70 m
第 6 段条形基础底面宽度   b6 = 1.81 m
第 7 段条形基础底面宽度   b7 = 1.93 m
第 8 段条形基础底面宽度   b8 = 1.70 m
第 9 段条形基础底面宽度   b9 = 1.70 m
第 10 段条形基础底面宽度   b10 = 1.81 m
第 11 段条形基础底面宽度   b11 = 1.93 m
第 12 段条形基础底面宽度   b12 = 1.70 m
第 13 段条形基础底面宽度   b13 = 1.70 m
第 14 段条形基础底面宽度   b14 = 1.81 m
第 15 段条形基础底面宽度   b15 = 1.93 m
第 16 段条形基础底面宽度   b16 = 1.70 m

第4章

浅基础配筋

4.1　柱下独立基础受冲切、抗剪计算

4.1.1　项目描述

根据《建筑地基基础设计规范》（GB 50007—2011）第 8.2.8 条，冲切承载力验算见流程图 4-1，计算阶形基础的受冲切承载力截面位置见图 4-1。

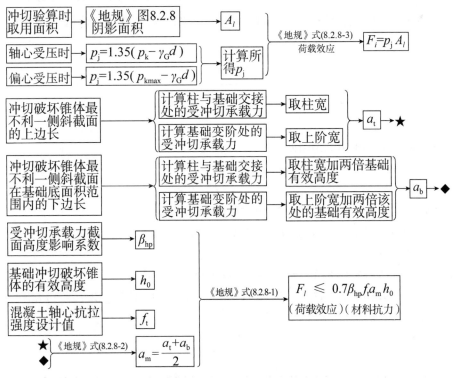

流程图 4-1　基础冲切承载力验算

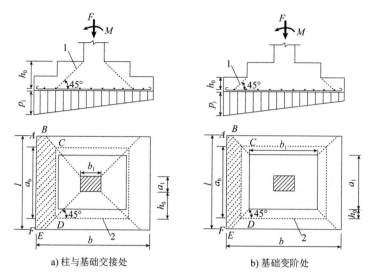

a) 柱与基础交接处　　　　　　　b) 基础变阶处

图 4-1　计算阶形基础的受冲切承载力截面位置

1-冲切破坏锥体最不利一侧的斜截面；2-冲切破坏锥体的底面线

4.1.2　项目代码

本计算程序可以验算基础受冲切承载力。代码清单 4-1 中：❶为定义混凝土抗拉强度设计值的函数；❷为定义受冲切系数的函数；❸为定义抗冲切所需基础有效高度的函数；❹为定义抗剪所需基础有效高度的函数；❺为受冲切承载力的判断；❻为受剪承载力的判断；❼表示给各个函数参数赋初始值；❽为计算实际的冲切系数值；❾取 50mm 是为了符合工程惯例。具体见代码清单 4-1。

代 码 清 单　　　　　　　　　　　　　　4-1

```python
# -*- coding: utf-8 -*-
import sympy as sp
from datetime import datetime


def ft1(fcuk):                                    ❶
    δ = [0.21, 0.18, 0.16, 0.14, 0.13, 0.12, 0.12,
            0.11, 0.11, 0.1, 0.1, 0.1, 0.1, 0.1]
    i = int((fcuk-15)/5)
    α_c2 = min((1-(1-0.87)*(fcuk-40)/(80-40)),1.0)
    ftk = 0.88*0.395*fcuk**0.55*(1-1.645*δ[i])**0.45*α_c2
    ft = ftk/1.4
    return ft
```

```python
def βhp1(h):                                              ❷
    if h<= 800:
        βhp = 1.0
    elif h >= 2000:
        βhp = 0.9
    else:
        βhp = 1-(h-800)/1200*0.1
    return  βhp


def punching_height_of_foundation(βhp,ac,bc,l,b,pj,ft):  ❸
    h0 = sp.symbols('h0', real=True)
    am = bc+h0
    Al = (l/2-ac/2-h0)*b-(b/2-bc/2-h0)**2
    Fl = pj*Al
    Eq = Fl-0.7*βhp*ft*am*h0
    h0 = max(sp.solve(Eq,h0))
    return h0


def shear_height_of_foundation(ac,bc,h1,l,b,pj0,ft):     ❹
    h0 = sp.symbols('h0', real=True)
    βhs = (800/h0)**(1/4)
    b1 = bc+2*50
    A0 = b*(h0-h1)+b1*h1+(b-b1)*0.5*h1
    Vs = pj0*(l/2-ac/2)*b
    Eq = Vs-0.7*βhs*ft*A0
    h0 = max(sp.solve(Eq,h0))
    return h0


def Fl_Fu(l,b,bc,ac,pj,βhp,h,as1,ft):                    ❺
    h0 = h-as1
    am = bc+h0
    Al = (l/2-ac/2-h0)*b-(b/2-bc/2-h0)**2
    Fl = pj*Al
    Fu = 0.7*βhp*ft*am*h0
    h = 50.0*((h//50)+1)
    h0 = h-as1
    if h >=800:
        βhp = βhp1(h)
    Fu = 0.7*βhp*ft*am*h0
    return Fl, Fu
```

```python
def Vs_Vu(h0,l,b,bc,ac,h1,pj0,ft):                    ❻
    βhs = (800/h0)**(1/4)
    b1 = bc+2*50
    A0 = b*(h0-h1)+b1*h1+(b-b1)*0.5*h1
    Vs = pj0*(l/2-ac/2)*b
    Vu = 0.7*βhs*ft*A0
    return Vs, Vu


def main():
    print('\n',punching_height_of_foundation.__doc__,'\n')
    ''' 计算式中各单位为 N、mm 制 '''
    '       ac,   bc,   l,    b ,   h1,   pj0,   pj,    fcuk,   as1  '   ❼
    para = 500,  500,  2400, 1800, 350,  0.226, 0.256, 30,     40
    ac, bc, l, b, h1, pj0, pj, fcuk, as1 = para
    βhp = 1.0
    ft = ft1(fcuk)
    h01 = punching_height_of_foundation(βhp,ac,bc,l,b,pj,ft)
    h02 = shear_height_of_foundation(ac,bc,h1,l,b,pj0,ft)

    if h01<= h02:
        print('独立基础底板有效高度：由抗剪控制。')
    else:
        print('独立基础底板有效高度：由抗冲切控制。')
    h0 = max(h01, h02)

    h = h0+as1
    if h >=800:
        βhp = βhp1(h)
        h01 = punching_height_of_foundation(βhp,ac,bc,l,b,pj,fcuk)   ❽

    h0 = max(h01, h02)
    h = 50.0*((h//50)+1)                                  ❾
    Fl, Fu = Fl_Fu(l,b,bc,ac,pj,βhp,h,as1,ft)
    Vs, Vu = Vs_Vu(h0,l,b,bc,ac,h1,pj0,ft)

    print(f'独立基础底板有效高度        h0 = {h0:<3.0f} mm')
    print(f'独立基础底板高度            h = {h:<3.0f} mm')
    print(f'独立基础底板冲切系数        βhp = {βhp:<3.3f} ')
    print(f'独立基础底板冲切效应设计值 Fl = {Fl/1000:<3.2f} kN')
```

```
        print(f'独立基础底板冲切抗力设计值 Fu = {Fu/1000:<3.2f} kN')
        print(f'独立基础底板剪切效应设计值 Vs = {Vs/1000:<3.2f} kN')
        print(f'独立基础底板剪切抗力设计值 Vu = {Vu/1000:<3.2f} kN')


        dt = datetime.now()
        localtime = dt.strftime('%Y-%m-%d  %H:%M:%S')
        print('-'*m)
        print("本计算书生成时间 :", localtime)


        with open('柱下独立基础受冲切受剪计算.docx','w',encoding = 'utf-8') as f:
            f.write('\n'+ punching_height_of_foundation.__doc__+'\n')
            f.write(f'独立基础底板有效高度        h0 = {h0:<3.2f} mm \n')
            f.write(f'独立基础底板高度           h  = {h0:<3.2f} mm \n')
            f.write(f'独立基础底板冲切效应设计值 Fl = {Fl/1000:<3.2f} kN \n')
            f.write(f'独立基础底板冲切抗力设计值 Fu = {Fu/1000:<3.2f} kN \n')
            f.write(f'本计算书生成时间 : {localtime}')


if __name__ == "__main__":
    m = 66
    print('='*m)
    main()
    print('='*m)
```

4.1.3　输出结果

运行代码清单 4-1，可以得到输出结果 4-1。输出结果 4-1 中：❶判断独立基础底板有效高度是由抗冲切控制还是由抗剪控制；❷为冲切系数的计算值；❸为冲切抗力设计值；❹为剪切抗力设计值。

输 出 结 果　　　　　　　　　　　　　　　　　　　　　　　　　4-1

本计算程序可以直接确定独立基础底板高度，考虑了抗剪和抗冲切两个方面。
独立基础底板有效高度：由抗冲切控制。　　　　　　　❶
独立基础底板有效高度　　　h0 = 319 mm
独立基础底板高度　　　　　　h = 400 mm
独立基础底板冲切系数　　　βhp = 1.000　　　　　❷
独立基础底板冲切效应设计值 Fl = 250.34 kN
独立基础底板冲切抗力设计值 Fu = 353.67 kN　　　❸
独立基础底板剪切效应设计值 Vs = 386.46 kN
独立基础底板剪切抗力设计值 Vu = 460.59 kN　　　❹

4.2 柱下矩形独立基础的受弯计算和配筋

4.2.1 项目描述

根据《建筑地基基础设计规范》（GB 50007—2011）第 8.2.11 条，矩形基础底板计算见流程图 4-2，矩形基础底板的计算示意见图 4-2。

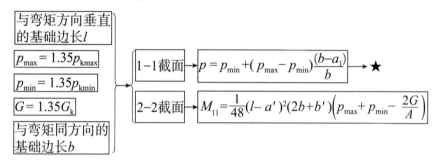

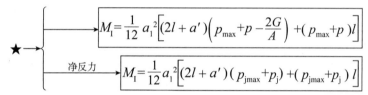

流程图 4-2　矩形基础底板计算

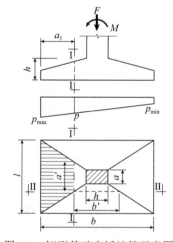

图 4-2　矩形基础底板计算示意图

4.2.2 项目代码

本计算程序可以实现柱下矩形独立基础的受弯计算和配筋。代码清单 4-2 中：❶为定义柱下独立基础净反力的函数；❷为独立基础计算函数；❸及下一行代码为独立基础弯矩计算式；❹及下一行代码表示考虑最小配筋率；❺及下一行代码表示独立基础计算配筋；❻表示初选钢筋直径计算值；❼为可选钢筋直径列表；❽为受力钢筋计算直径；❾为受力钢筋实际取用直径；❿为以上各个函数计算所需参数的初始值。具体见代码清单 4-2。

代 码 清 单　　　　　　　　　　　4-2

```
# -*- coding: utf-8 -*-
from datetime import datetime
from math import ceil, sqrt, pi


def independ_foundation(F,M,l,b):                        ❶
    A = b*l
    W = b*l**2/6
    pjmax = F/A+M/W
    pjmin = F/A-M/W
    pj = F/A
    return pjmax, pjmin, pj


def reinf_of_independ_foundation(l,b,ac,bc,pjmax,pj,h0,fy,renfdis):    ❷
    a1 = (l-ac)/2
    M1 = 1/12*a1**2*((2*l+ac)*(pjmax+pj)+(pjmax-pj)*l)               ❸
    M2 = 1/48*(l-a1)**2*(2*b+bc)*(pjmax+pj)
    b = b*1000
    l = l*1000
    Asmin1 = 0.15/100*b*(h0+40)                  ❹
    Asmin2 = 0.15/100*l*(h0+40)
    As1 = max(M1*10**6/(0.9*fy*h0), Asmin1)      ❺
    As2 = max(M2*10**6/(0.9*fy*h0), Asmin2)

    n1 = ceil(b/renfdis)
    d1 = sqrt(4*As1/(n1*pi))                      ❻
    renfd = [6,8,10,12,14,16,18,20,22,25,28,32,36,40,50]    ❼
    for v,dd in enumerate(renfd):
        if d1 > dd:
            xx = v
    d1 = renfd[xx+1]                              ❽
    n2 = ceil(l/renfdis)
    d2 = sqrt(4*As2/(n1*pi))
    for v,dd in enumerate(renfd):
        if d2 > dd:
            xx = v
```

```
        d2 = renfd[xx+1]                               ❾

    return M1, As1, M2, As2, Asmin1, Asmin2, n1, n2, d1, d2

def main():
    print('\n',reinf_of_independ_foundation.__doc__,'\n')
    '''                   F,    M,    l,    b,    ac,   bc,   h,    fy    '''
    F,M,l,b,ac,bc,h,fy = 1700, 510, 3.4, 2.4, 0.4, 0.4, 0.55, 360       ❿
    renfdis = 150
    h0 = h*1000-40
    pjmax, pjmin, pj = independ_foundation(F,M,l,b)
    results = reinf_of_independ_foundation(l,b,ac,bc,pjmax,pj,h0,fy,
            renfdis)
    M1, As1, M2, As2, Asmin1, Asmin2, n1, n2, d1, d2 = results

    print(f'独立基础底面净反力最大值      pjmax = {pjmax:<6.2f} kPa')
    print(f'独立基础底面净反力最小值      pjmin = {pjmin:<6.2f} kPa')
    print(f'独立基础底面净反力平均值         pj = {pj:<6.2f} kPa')
    print('-'*many)
    print(f'独立基础弯矩设计值              M1 = {M1:<3.2f} kN·m')
    print(f'独立基础配筋面积               As1 = {As1:<3.1f} mm^2')
    print(f'独立基础最小配筋面积       Asmin1 = {Asmin1:<3.1f} mm^2')
    print(f'独立基础宽度方向配筋：HRB400 {n1:<2.0f} φ {d1:<2.0f} @ {renfdis}')
    print('-'*many)
    print(f'独立基础弯矩设计值              M2 = {M2:<3.2f} kN·m')
    print(f'独立基础配筋面积               As2 = {As2:<3.1f} mm^2')
    print(f'独立基础最小配筋面积       Asmin2 = {Asmin2:<3.1f} mm^2')
    print(f'独立基础长度方向配筋：HRB400 {n2:<2.0f} φ {d2:<2.0f} @ {renfdis}')

    dt = datetime.now()
    localtime = dt.strftime('%Y-%m-%d  %H:%M:%S')
    print('-'*many)
    print("本计算书生成时间 :", localtime)

    with open('柱下独立基础受弯计算.docx','w',encoding = 'utf-8') as f:
        f.write('\n'+ reinf_of_independ_foundation.__doc__+'\n')
        f.write(f'独立基础底面净反力最大值      pjmax = {pjmax:<6.2f} kPa \n')
        f.write(f'独立基础底面净反力最小值      pjmin = {pjmin:<6.2f} kPa \n')
        f.write(f'独立基础底面净反力平均值         pj = {pj:<6.2f} kPa \n')
        f.write('-'*many)
```

```
        f.write(f' \n 独立基础弯矩设计值         M1 = {M1:<3.2f} kN·m \n')
        f.write(f'独立基础配筋面积              As1 = {As1:<3.1f} mm^2 \n')
        f.write(f'独立基础最小配筋面积        Asmin1 = {Asmin1:<3.1f} mm^2 \n')
        f.write(f'独立基础宽度方向配筋：HRB400 {n1:<2.0f} φ {d1:<2.0f} @
{renfdis} \n')
        f.write('-'*many)
        f.write(f' \n 独立基础弯矩设计值         M2 = {M2:<3.2f} kN·m \n')
        f.write(f'独立基础配筋面积              As2 = {As2:<3.1f} mm^2 \n')
        f.write(f'独立基础最小配筋面积        Asmin2 = {Asmin2:<3.1f} mm^2 \n')
        f.write(f'独基长度方向配筋：HRB400 {n2:<2.0f}φ{d2:<2.0f}@{renfdis}\n')
        f.write(f'本计算书生成时间 : {localtime}')


if __name__ == "__main__":
    many = 66
    print('='*many)
    main()
    print('='*many)
```

4.2.3 输出结果

运行代码清单 4-2，可以得到输出结果 4-2。输出结果 4-2 中：❶为独立基础宽度方向的弯矩设计值；❷为独立基础宽度方向的实配钢筋；❸为独立基础长度方向的矩设计值；❹为独立基础长度方向的实配钢筋。

输 出 结 果   4-2

```
---独立基础配筋计算---
独立基础底面净反力最大值 pjmax = 318.63 kPa
独立基础底面净反力最小值 pjmin = 98.04  kPa
独立基础底面净反力平均值    pj = 208.33 kPa
------------------------------------------------------------
独立基础弯矩设计值          M1 = 781.71 kN·m  ❶
独立基础配筋面积           As1 = 4730.8 mm^2
独立基础最小配筋面积     Asmin1 = 1980.0 mm^2
独立基础宽度方向配筋：HRB400 16 φ 20 @ 150   ❷
------------------------------------------------------------
独立基础弯矩设计值          M2 = 206.09 kN·m  ❸
独立基础配筋面积           As2 = 2805.0 mm^2
独立基础最小配筋面积     Asmin2 = 2805.0 mm^2
独立基础长度方向配筋：HRB400 23 φ 16 @ 150   ❹
```

4.3 墙下条形基础的受弯计算和配筋

4.3.1 项目描述

根据《建筑地基基础设计规范》（GB 50007—2011）第 8.2.1 条、第 8.2.12 条、第 8.2.14 条，墙下条形基础的受弯计算和配筋见流程图 4-3，墙下条形基础的计算示意见图 4-3。

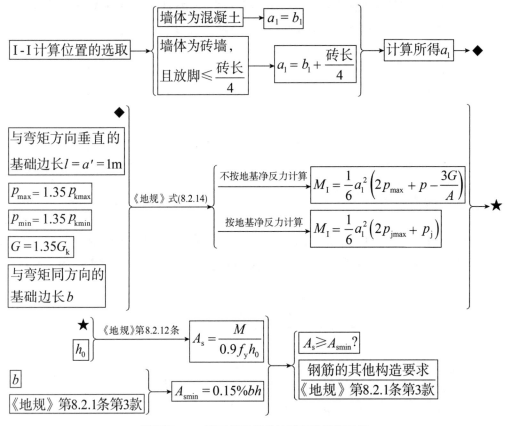

流程图 4-3 墙下条形基础的受弯计算和配筋

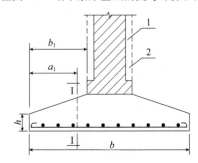

图 4-3 墙下条形基础的计算示意图

1-砖墙；2-混凝土墙

4.3.2 项目代码

本计算程序可实现墙下条形基础的受弯计算和配筋。代码清单 4-3 中：❶为定义条形基础净反力的函数；❷为定义条形基础配筋计算的函数；❸为条形基础的弯矩设计值；❹为条形基础的计算配筋（已考虑了最小配筋率）；❺为可选钢筋直径列表；❻为沿条形基础每延米钢筋配置根数；❼为受力钢筋计算直径；❽为受力钢筋实际取用直径；❾为程序计算所需参数的初始值；❿为受力钢筋间距设定值。具体见代码清单 4-3。

代码清单   4-3

```python
# -*- coding: utf-8 -*-
from datetime import datetime
from math import ceil, sqrt, pi

def strip_foundation(F,M,l,b,a0,h0):              ❶
    A = b*l
    W = l*b**2/6
    pjmax = F/A+M/W
    pjmin = F/A-M/W
    pj = F/A
    return pjmax, pjmin, pj

def reinf_strip_foundation(l,b,ac,pjmax,pj,h0,fy,renfdis):    ❷
    a1 = (b-ac)/2
    M = 1/6*a1**2*(2*pjmax+pj)                    ❸
    l = l*1000
    Asmin = 0.15/100*l*(h0+50)
    As = max(M*10**6/(0.9*fy*h0), Asmin)          ❹
    renfd = [6,8,10,12,14,16,18,20,22,25,28,32,36,40,50]   ❺
    n = ceil(l/renfdis)                           ❻
    d = sqrt(4*As/(n*pi))                         ❼
    for v,dd in enumerate(renfd):
        if d > dd:
            xx = v
    d = renfd[xx+1]                               ❽
    return M, As, Asmin, n, d
```

```
def main():
    print('\n',reinf_strip_foundation.__doc__,'\n')
    '''                    F,   M,   l,   b,   ac,   h,   fy   '''
    F,M,l,b,ac,h,fy = 660, 80, 1.0, 2.6, 0.4, 0.6, 360                    ❾
    renfdis = 150                           ❿
    h0 = h*1000-40
    pjmax, pjmin, pj = strip_foundation(F,M,l,b,ac,h0)
    M, As, Asmin, n, d = reinf_strip_foundation(l,b,ac,pjmax,pj,h0,fy,renfdis)

    print(f'条形基础底面净反力最大值    pjmax = {pjmax:<6.2f} kPa')
    print(f'条形基础底面净反力最小值    pjmin = {pjmin:<6.2f} kPa')
    print(f'条形基础底面净反力平均值      pj = {pj:<6.2f} kPa')
    print('-'*m)
    print(f'条形基础弯矩设计值            M = {M:<3.2f} kN·m')
    print(f'条形基础配筋面积             As = {As:<3.1f} mm^2')
    print(f'条形基础最小配筋面积       Asmin = {Asmin:<3.1f} mm^2')
    print(f'条形基础宽度方向配筋: HRB400 {n:<2.0f} φ {d:<2.0f} @ {renfdis}')

    dt = datetime.now()
    localtime = dt.strftime('%Y-%m-%d  %H:%M:%S')
    print('-'*m)
    print("本计算书生成时间 :", localtime)

    with open('确定条形基础配筋.docx','w',encoding = 'utf-8') as f:
        f.write('\n'+ reinf_strip_foundation.__doc__+'\n')
        f.write(f'条形基础底面净反力最大值    pjmax = {pjmax:<6.2f} kPa \n')
        f.write(f'条形基础底面净反力最小值    pjmin = {pjmin:<6.2f} kPa \n')
        f.write(f'条形基础底面净反力平均值      pj = {pj:<6.2f} kPa \n')
        f.write('-'*m)
        f.write(f' \n 条形基础弯矩设计值            M = {M:<3.2f} kN·m \n')
        f.write(f'条形基础配筋面积             As = {As:<3.1f} mm^2 \n')
        f.write(f'条形基础最小配筋面积       Asmin = {Asmin:<3.1f} mm^2 \n')
        f.write(f'条基宽度方向配筋: HRB400{n:<2.0f}φ{d:<2.0f}@{renfdis}\n')
        f.write(f'本计算书生成时间 : {localtime}')

if __name__ == "__main__":
    m = 66
    print('='*m)
    main()
    print('='*m)
```

4.3.3　输出结果

运行代码清单 4-3，可以得到输出结果 4-3。输出结果 4-3 中：❶ 及以下两行代码为条形基础净反力设计值；❷ 为条形基础弯矩设计值；❸ 为实际配置的受力钢筋（包含钢筋级别、根数、直径及间距）。

输　出　结　果	4-3

```
---条形基础配筋计算---
条形基础底面净反力最大值    pjmax = 324.85 kPa  ❶
条形基础底面净反力最小值    pjmin = 182.84 kPa
条形基础底面净反力平均值    pj = 253.85 kPa
--------------------------------------------------
条形基础弯矩设计值          M = 182.22 kN·m  ❷
条形基础配筋面积            As = 1004.3 mm^2
条形基础最小配筋面积        Asmin = 915.0 mm^2
条形基础宽度方向配筋：  HRB400 7φ14 @ 150      ❸
```

4.4　集中力作用下温克尔地基无限长梁（1）

4.4.1　项目描述

弹性地基梁的特征系数为：

$$\lambda = \sqrt[4]{\frac{k_s}{4E_c I}} \tag{4-1}$$

挠度为：

$$w = \frac{F\lambda}{2kb} A_x \tag{4-2}$$

转角为：

$$\theta = \frac{dw}{dx} = \frac{-F\lambda^2}{kb} B_x \tag{4-3}$$

弯矩为：

$$M = -E_c I \frac{d^2 w}{dx^2} = \frac{F}{4\lambda} C_x \tag{4-4}$$

剪力为：

$$V = \frac{\mathrm{d}M}{\mathrm{d}x} = \frac{-F}{2}D_x \tag{4-5}$$

地基反力为：

$$p = \frac{\overline{p}}{b} = \frac{kbw}{b} = \frac{F\lambda}{2b}A_x \tag{4-6}$$

各系数为：

$$\begin{cases} A_x = \mathrm{e}^{-\lambda x}(\cos\lambda x + \sin\lambda x) \\ B_x = \mathrm{e}^{-\lambda x}\sin\lambda x \\ C_x = \mathrm{e}^{-\lambda x}(\cos\lambda x - \sin\lambda x) \\ D_x = \mathrm{e}^{-\lambda x}\cos\lambda x \end{cases} \tag{4-7}$$

4.4.2 项目代码

本计算程序可以计算集中力作用下温克尔地基无限长梁。代码清单 4-4 中：❶为定义各个参数的函数；❷为定义挠度的函数；❸为定义转角的函数；❹为定义弯矩的函数；❺为定义剪力的函数；❻为定义地基反力的函数；❼为定义构件受弯配筋计算的函数；❽为定义构件受剪配筋计算的函数；❾为以上各个函数的参数赋初始值。具体见代码清单 4-4。

代码清单	4-4

```python
# -*- coding: utf-8 -*-
from math import exp, cos, sin, sqrt
from datetime import datetime

def Winkler_para(b,k,E,I,x):            ❶
    λ = (k*b/(4*E*I))**0.25
    Ax = exp(-λ*x)*(cos(λ*x)+sin(λ*x))
    Bx = exp(-λ*x)*sin(λ*x)
    Cx = exp(-λ*x)*(cos(λ*x)-sin(λ*x))
    Dx = exp(-λ*x)*cos(λ*x)
    return Ax, Bx, Cx, Dx, λ

def Winkler_w(P0,λ,k,b,Ax):             ❷
    w = P0*λ*Ax/(2*k*b)*1000
    return w

def Winkler_θ(P0,λ,Bx,k,b):             ❸
    θ = -P0*λ**2*Bx/(k*b)
    return θ
```

```
def Winkler_M(P0,Cx,λ):                    ❹
    M = P0*Cx/(4*λ)
    return M


def Winkler_Q(P0,Dx):                      ❺
    Q = -P0*Dx/2
    return Q


def Winkler_p(P0,λ,Ax,b):                  ❻
    p = P0*λ*Ax/(2*b)
    return p


def beam_M(h,as1,as2,b,fc,ft,fy,M):        ❼
    h0 = h-as1
    M = M*10**6
    b = b*1000
    x = h0-sqrt((h0)**2-2*abs(M)/(fc*b))
    if x>=0:
        As = fc*b*x/fy
    else:
        As = M/((h-as1-as2)*fy)
    As = max(As, 45*ft/fy*b*h/100, 0.2*b*h/100)
    return As


def beam_V(h,as1,as2,b,ft,fy,fyv,s,V):     ❽
    h0 = h-as1
    V = V*1000
    b = b*1000
    Asv = (abs(V)-0.7*ft*b*h0)/(fyv*h0)
    Asv = max(Asv,0.28*ft/fyv*b*h)
    return Asv


def main():
    '''              P0,   b,   k,    E,         I    '''    ❾
    P0, b, k, E, I = 5800, 1.2, 2000, 3.1*10**4, 0.016
    h, as1, as2, fc, ft, fy, fyv, s = 500,30,30,14.3,1.43,360,360,150

    Ax, Bx, Cx, Dx, λ = Winkler_para(b,k,E,I,x)
    w = Winkler_w(P0,λ,k,b,Ax)
    M = Winkler_M(P0,Cx,λ)
```

```
        V = Winkler_Q(P0,Dx)
        θ = Winkler_θ(P0,λ,Bx,k,b)
        p = Winkler_p(P0,λ,Ax,b)
        As = beam_M(h,as1,as2,b,fc,ft,fy,M)
        Asv = beam_V(h,as1,as2,b,ft,fy,fyv,s,V)

        print('-'*m)
        print(f'λ  = {λ:<3.5f}')
        print(f'Ax = {Ax:<3.5f}')
        print(f'Bx = {Bx:<3.5f}')
        print(f'Cx = {Cx:<3.5f} ')
        print(f'Dx = {Dx:<3.5f}')
        print('-'*m)

        print(f'挠度           w = {w:<3.1f} mm')
        print(f'弯矩设计值      M = {M:<3.1f} kN·m')
        print(f'剪力设计值      Q = {V:<3.1f} kN')

        print(f'转角(弧度)      θ = {θ:<3.3f}')
        print(f'基底压力        p = {p:<3.1f} kPa')
        print(f'受弯钢筋面积     As = {As:<3.1f} mm^2')
        print(f'受剪钢筋面积   Asv = {Asv:<3.1f} mm^2')

        dt = datetime.now()
        localtime = dt.strftime('%Y-%m-%d  %H:%M:%S ')
        print('-'*m)
        print("本图形生成时间 :", localtime)

if __name__ == "__main__":
    m = 45
    print('='*m)
    main()
    print('='*m)
```

4.4.3 输出结果

运行代码清单 4-4，可以得到输出结果 4-4。

输 出 结 果   4-4

输入计算点到集中荷载的距离（m）:3.6

```
------------------------------------------------
λ  = 1.04874
Ax = -0.03205
Bx = -0.01358
Cx = -0.00489
Dx = -0.01847
------------------------------------------------
挠度            w = -40.6 mm
弯矩设计值      M = -6.8 kN·m
剪力设计值      Q = 53.6 kN
转角(弧度)      θ = 0.036
基底压力        p = -81.2 kPa
受弯钢筋面积    As = 1200.0 mm^2
受剪钢筋面积    Asv = 667.3 mm^2
```

4.5 集中力作用下温克尔地基无限长梁（2）

4.5.1 项目描述

集中力作用下温克尔地基上无限长梁的挠度方程为：

$$w = \frac{F\lambda}{2k_s} e^{-\lambda r}(\cos\lambda x + \sin\lambda x) \tag{4-8}$$

将式(4-8)分别对 x 取一阶、二阶和三阶导数，可求得梁($x \geq 0$)截面的转角 $\theta = \frac{\mathrm{d}w}{\mathrm{d}x}$，弯矩 $M = -E_cI\frac{\mathrm{d}^2w}{\mathrm{d}x^2}$，剪力 $V = -E_cI\left(\frac{\mathrm{d}^3w}{\mathrm{d}x^3}\right)$。

4.5.2 项目代码

本计算程序可以计算集中力作用下温克尔地基无限长梁。代码清单 4-5 中：❶为定义变量 x；❷为定义方程符号 w；❸为地基梁体赋初始值；❹为地基梁体的几何特性等赋初始值；❺表示各个集中力到计算点的距离以 m 为单位；❻表示各个集中力以 kN 为单位；❼为定义空值；❽表示通过循环来计算挠度、转角、弯矩和剪力；❾及以下三行代码可以得到指定位置处的挠度、弯矩和剪力值。具体见代码清单 4-5。

代码清单　　　　　　　　　　　　　　　　4-5

```
# -*- coding: utf-8 -*-
```

```
import sympy as sp

x = sp.symbols('x', real=True)                    ❶
w = sp.Function('w')                              ❷

'''                H,    b,    c,    d,    h '''
H, b, c, d, h = 1.2, 1.2, 0.5, 0.4, 0.8           ❸
'''                Ic,   Es,   Ec,        υ '''
Ic, Es, Ec, υ = 2.46, 15000, 2.55*10**7, 0.3                    ❹
β = 1-2*υ**2/(1-υ)
E = β*Es

y1 = (c*H**2+d**2*(b-c))/(2*(b*d+h*c))
y2 = H-y1
I = (c*y2**3+b*y1**3-(b-c)*(y1-d)**3)/3
k = E/(b*(1-υ**2)*Ic)
ks = b*k
λ = (ks/(4*Ec*I))**0.25

dis = [0.0, 6.0, 12.0, 18.0, 24.0]                ❺
F = [800, 800, 800, 800, 800]                     ❻
A = B = C = D = 0                                  ❼
many = 45

for ax, F in zip(dis,F):                          ❽
    w = F*λ/(2*ks)*sp.exp(-λ*x)*(sp.cos(λ*x)+sp.sin(λ*x))
    θ = sp.diff(w,x,1)
    M = -Ec*I*sp.diff(w,x,2)
    V = -Ec*I*sp.diff(w,x,3)
    p = ks*w

    A += θ.subs({x:ax})                           ❾
    B += M.subs({x:ax})
    C += V.subs({x:ax})
    D += p.subs({x:ax})

print('-'*many)
print(f'转角                 θ = {A:<3.6f} ')
print(f'弯矩设计值            M = {B:<3.2f} kN·m')
print(f'剪力设计值            V = {C:<3.2f} kN')
```

```
print(f'地基反力值          p = {D:<3.2f} kPa')
print(f'弹性地基梁的特征系数 λ = {λ:<3.3f} 1/m')
print('-'*many)
```

4.5.3 输出结果

运行代码清单 4-5，可以得到输出结果 4-5。

输 出 结 果 4-5

```
挠度                θ = -0.001768
弯矩设计值           M = 860.03 kN·m
剪力设计值           V = -457.16 kN
地基反力值           p = 96.98 kPa
弹性地基梁的特征系数 λ = 0.146 1/m
```

4.6 集中弯矩作用下温克尔地基无限长梁

4.6.1 项目描述

集中弯矩作用下温克尔地基上无限长梁的挠度方程为：

$$w = \frac{M_0 \lambda^2}{kb} e^{-\lambda r} \sin \lambda x \tag{4-9}$$

4.6.2 项目代码

本计算程序可以计算集中弯矩作用下温克尔地基无限长梁。代码清单 4-6 中：❶为定义变量x；❷为定义方程符号w；❸为定义弯矩作用下的温克尔地基无限长梁函数；❹给出地基梁在 0~50m 范围内，每间隔 1m 处的挠度、弯矩、剪力和地基反力值；❺表示从此行开始代码为输出结果 4-6 绘制图形代码。具体见代码清单 4-6。

代 码 清 单 4-6

```
# -*- coding: utf-8 -*-
import sympy as sp
import numpy as np
import matplotlib.pyplot as plt
from pylab import mpl
```

```python
mpl.rcParams['axes.unicode_minus']=False
import mpl_toolkits.axisartist as axisartist

x = sp.symbols('x', real=True)              ❶
w = sp.Function('w')                        ❷


k = 4089
b = 1.2
ks = b*k
Ec = 2.55*10**7
I = 0.106
λ = (ks/(4*Ec*I))**0.25
M = 100


w = M*λ**2/ks*sp.exp(-λ*x)*sp.sin(λ*x)      ❸
A, B, C, D = [], [], [], []
MAX = 50
MIN = 0

for ax in range(MIN,MAX,1):                 ❹
    θ = sp.diff(w,x,1)
    A.append(θ.subs({x:ax}))
    AA = np.array(A)

    M = -Ec*I*sp.diff(w,x,2)
    B.append(M.subs({x:ax}))
    BB = np.array(B)

    V = Ec*I*sp.diff(w,x,3)
    V = sp.simplify(V)
    C.append(V.subs({x:ax}))
    CC = np.array(C)

    p = ks*sp.diff(w,x,0)
    D.append(p.subs({x:ax}))
    DD = np.array(D)

fig = plt.figure(0, figsize=(5.7,8), facecolor = "#f1f1f1")     ❺
fig.subplots_adjust(left=0.1, hspace=0.9)
plt.rcParams['font.sans-serif'] = ['STsong']
```

```python
ay = np.arange(MIN,MAX,1)
ax = fig.add_subplot(axisartist.Subplot(fig, 411))
plt.plot(ay,AA, color='r', linestyle='-', lw=2, label ='θ')
ax.set_ylabel("$θ$ ",size = 8)
ax.set_xlabel("$d$ (m)",size = 8,)
plt.grid()
graph = '弯矩作用下温克尔地基梁挠度 '
plt.title(graph, fontsize =10)


ax = fig.add_subplot(axisartist.Subplot(fig, 412))
plt.plot(ay,BB, color='b', linestyle='--',lw=2, label ='M')
ax.set_ylabel("$M$  (kN·m)",size = 8)
ax.set_xlabel("$d$ (m)",size = 8,)
plt.grid()
graph = '弯矩作用下温克尔地基梁弯矩'
plt.title(graph, fontsize =10)


ax = fig.add_subplot(axisartist.Subplot(fig, 413))
plt.plot(ay,CC, color='g', linestyle='-.',lw=2, label ='V')
ax.set_ylabel("$V$  (kN)",size = 8)
ax.set_xlabel("$d$ (m)",size = 8,)
plt.grid()
graph = '弯矩作用下温克尔地基梁剪力'
plt.title(graph, fontsize =10)


ax = fig.add_subplot(axisartist.Subplot(fig, 414))
plt.plot(ay,DD, color='k', linestyle=':', lw=2, label ='p')
ax.set_ylabel("$p$ (kPa)",size = 8)
ax.set_xlabel("$d$ (m)",size = 8,)
plt.grid()
graph = '弯矩作用下温克尔地基梁地基反力'
plt.title(graph, fontsize =10)


plt.show()
graph = '弯矩作用下温克尔地基梁'
fig.savefig(graph, dpi=600, facecolor="#f1f1f1")
```

4.6.3 输出结果

运行代码清单 4-6，可以得到输出结果 4-6。

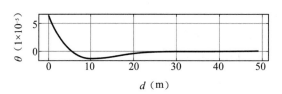

弯矩作用下温克尔地基梁挠度

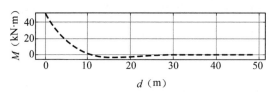

弯矩作用下温克尔地基梁弯矩

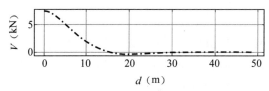

弯矩作用下温克尔地基梁剪力

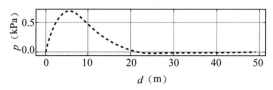

弯矩作用下温克尔地基梁反力

4.7 集中力作用下海腾尼地基有限长梁

4.7.1 项目描述

挠度为：

$$w = \frac{P\lambda}{kb}\overline{w} \tag{4-10}$$

弯矩为：

$$M = \frac{P}{2\lambda}\overline{M} \tag{4-11}$$

剪力为：

$$Q = P\overline{Q} \tag{4-12}$$

各系数为：

$$\overline{w} = \frac{1}{\mathrm{sh}^2\lambda L - \sin^2\lambda L}\{2\mathrm{ch}\lambda x\cos\lambda x(\mathrm{sh}\lambda L\cos\lambda A\mathrm{ch}\lambda B - \sin\lambda L\cos\lambda A\mathrm{ch}\lambda B) + (\mathrm{ch}\lambda x\sin\lambda x + \mathrm{sh}\lambda x\cos\lambda x)[\mathrm{sh}\lambda L(\sin\lambda A\mathrm{ch}\lambda B - \cos\lambda A\mathrm{sh}\lambda B) + \sin\lambda L(\mathrm{sh}\lambda L\cos\lambda B - \mathrm{ch}\lambda A\sin\lambda B)]\} \tag{4-13}$$

$$\overline{M} = \frac{1}{\mathrm{sh}^2\lambda L - \sin^2\lambda L}\{2\mathrm{sh}\lambda x\sin\lambda x(\mathrm{sh}\lambda L\cos\lambda A\mathrm{ch}\lambda B - \sin\lambda L\mathrm{ch}\lambda A\cos\lambda B) + (\mathrm{ch}\lambda x\sin\lambda x - \mathrm{sh}\lambda x\cos\lambda x)[\mathrm{sh}\lambda L(\sin\lambda A\mathrm{ch}\lambda B - \cos\lambda A\mathrm{sh}\lambda B) + \sin\lambda L(\mathrm{sh}\lambda A\cos\lambda B - \mathrm{ch}\lambda A\sin\lambda B)]\} \tag{4-14}$$

$$\overline{Q} = \frac{1}{\mathrm{sh}^2\lambda L - \sin^2\lambda L}\{(\mathrm{ch}\lambda x\sin\lambda x + \mathrm{sh}\lambda x\cos\lambda x)\times (\mathrm{sh}\lambda L\cos\lambda A\mathrm{ch}\lambda B - \sin\lambda L\mathrm{ch}\lambda A\cos\lambda B) + \mathrm{sh}\lambda x\sin\lambda x [\mathrm{sh}\lambda L(\sin\lambda A\mathrm{ch}\lambda B - \cos\lambda A\mathrm{sh}\lambda B) + \sin\lambda L(\mathrm{sh}\lambda L\cos\lambda B - \mathrm{ch}\lambda A\sin\lambda B)]\} \tag{4-15}$$

4.7.2 项目代码

本计算程序可以计算集中力作用下海腾尼（M. Hetenyi）地基有限长梁。代码清单4-7中：❶为计算混凝土抗压强度设计值的函数；❷为计算混凝土抗拉强度设计值的函数；❸为参数函数；❹为挠度函数；❺为弯矩函数；❻为剪力函数；❼表示受弯构件配筋计算；❽表示受弯构件剪力计算；❾为定义的各个函数参数赋初始值；❿表示根据❸求出各个计算式的基础参数值。具体见代码清单4-7。

代 码 清 单	4-7

```
# -*- coding: utf-8 -*-
from math import pi, sin, sinh, cos, cosh, sqrt
from datetime import datetime


def fc(fcuk):                              ❶
    α_c1 = max((0.76+(0.82-0.76)*(fcuk-50)/(80-50)), 0.76)
    α_c2 = min((1-(1-0.87)*(fcuk-40)/(80-40)), 1.0)
    fck = 0.88*α_c1*α_c2*fcuk
    fc = fck/1.4
    return fc


def ft(fcuk):                              ❷
```

```
    δ = [0.21, 0.18, 0.16, 0.14, 0.13, 0.12, 0.12,
         0.11, 0.11, 0.1, 0.1, 0.1, 0.1, 0.1]
    i = int((fcuk-15)/5)
    α_c2 = min((1-(1-0.87)*(fcuk-40)/(80-40)),1.0)
    ftk = 0.88*0.395*fcuk**0.55*(1-1.645*δ[i])**0.45*α_c2
    ft = ftk/1.4
    return ft


def para(P0,L,x,b,k,I,Ec,A,B):                        ❸
    λ = (k*b/(4*Ec*I))**0.25
    AA = ((sinh(λ*L)**2)-(sin(λ*L)**2))**(-1)
    BB = 2*cosh(λ*x)*cos(λ*x)
    CC = sinh(λ*L)*cos(λ*A)*cosh(λ*B)-sin(λ*L)*cosh(λ*A)*cosh(λ*B)
    DD = cosh(λ*x)*sin(λ*x)+sinh(λ*x)*cos(λ*x)
    EE = sinh(λ*L)*(sinh(λ*A)*cosh(λ*B)-cosh(λ*A)*sinh(λ*B))
    FF = sin(λ*L)*(sinh(λ*A)*cosh(λ*B)-cosh(λ*A)*sin(λ*B))
    GG = cosh(λ*x)*sin(λ*x)+sinh(λ*x)*cos(λ*x)

    return AA, BB, CC, DD, EE, FF, GG


def Hetenyi_w(P0,b,k,Ec,I,AA, BB, CC, DD, EE, FF):    ❹
    λ = (k*b/(4*Ec*I))**0.25
    w1 = AA*(BB*CC+DD*EE+FF)
    w = P0*λ*w1/(k*b)*1000
    return w


def Hetenyi_M(P0,x,b,k,Ec,I,AA, BB, CC, DD, EE, FF):  ❺
    λ = (k*b/(4*Ec*I))**0.25
    BB1 = 2*sinh(λ*x)*sin(λ*x)
    DD1 = cosh(λ*x)*sin(λ*x)-sinh(λ*x)*cos(λ*x)
    M1 = AA*(BB1*CC+DD1*EE+FF)
    M = P0*M1/(2*λ)
    return M


def Hetenyi_Q(P0,x,b,k,Ec,I,AA, BB, CC, DD, EE, FF,GG):  ❻
    λ = (k*b/(4*Ec*I))**0.25
    HH1 = sinh(λ*x)*sin(λ*x)
    Q1 = AA*(GG*CC+HH1*EE+FF)
```

```
    Q = P0*Q1
    return Q


def beam(h,as1,as2,b,fcuk,fy,M):                    ❼
    h0 = h-as1
    ft1 = ft(fcuk)
    fc1 = fc(fcuk)


    x = h0-sqrt((h0)**2-2*abs(M)*10/(fc1*b))
    if x>=0 :
        As = fc1*b*x/fy
    else:
        As = M*10**6/((h-as1-as2)*fy)
    As = max(As, 45*ft1/fy*b*h/100, 0.2*b*h/100)
    return As

def beam_V(h,as1,as2,b,fcuk,fyv,V,s):               ❽
    h0 = h-as1
    ft1 = ft(fcuk)
    Asv = (abs(V)-0.7*ft1*b*h0)/(fyv*h0)*s
    Asv = max(Asv,0.28*ft1/fyv*b*h/100)
    return Asv

def main():
    '''                             L,   b,    h,    k,    P0,  LUN,  x,  A,  fcuk'''
    L,b,h,k,P0,LUN,x,A,fcuk = 50, 1500, 500, 2000, 185, 8.5,  3, 10, 30    ❾
    as1, fy, s = 30, 360, 150


    Ec = 2.1*10**7
    B = L-A          #与基础梁右端的距离，单位 m
    I = b*h**3/12    #截面惯性矩，单位 m^4
    as2 = as1
    fyv = fy
    AA, BB, CC, DD, EE, FF, GG = para(P0,L,x,b,k,I,Ec,A,B)              ❿


    #剪力设计值
    lun_A_Q = Hetenyi_Q(P0,x,b,k,Ec,I,AA, BB, CC, DD, EE, FF,GG)
    lun_B_Q = Hetenyi_Q(P0,x,b,k,Ec,I,AA, BB, CC, DD, EE, FF,GG)
    print("剪力设计值    ",'%.3f'%(lun_A_Q+lun_B_Q),"kN")
```

```
#弯矩设计值
lun_A_M = Hetenyi_M(P0,x,b,k,Ec,I,AA, BB, CC, DD, EE, FF)
lun_B_M = Hetenyi_M(P0,x,b,k,Ec,I,AA, BB, CC, DD, EE, FF)
print("弯矩设计值    ",'%.3f'%(lun_A_M+lun_B_M),"kN·m")

#挠度设计值
lun_A_w = Hetenyi_w(P0,b,k,Ec,I,AA, BB, CC, DD, EE, FF)
lun_B_w = Hetenyi_w(P0,b,k,Ec,I,AA, BB, CC, DD, EE, FF)
print("挠度设计值    ",'%.3f'%(lun_A_w+lun_B_w),"mm")

M = lun_A_M+lun_B_M
V = lun_A_Q+lun_B_Q
beam_As = beam(h,as1,as2,b,fcuk,fy,M)
beam_Asv = beam_V(h,as1,as2,b,fcuk,fyv,V,s)
print("受拉钢筋截面面积",'%.1f'%beam_As,"mm^2")
print("受拉钢筋根数   ",'%.1f'%(beam_As/(0.25*pi*22**2)),"根")
print("箍筋截面面积    ",'%.1f'%beam_Asv,"mm^2")

dt = datetime.now()
localtime = dt.strftime('%Y-%m-%d  %H:%M:%S ')
print('-'*m)
print("本图形生成时间 :", localtime)

if __name__ == "__main__":
    m = 66
    print('='*m)
    main()
    print('='*m)
```

4.7.3 输出结果

运行代码清单 4-7，可以得到输出结果 4-7。

输 出 结 果	4-7

剪力设计值	-87954.959 kN
弯矩设计值	-35773806.323 kN·m
挠度设计值	-0.034 mm
受拉钢筋截面面积	2200.6 mm^2
受拉钢筋根数	5.8 根
箍筋截面面积	8.4 mm^2

4.8 平板式筏板基础

4.8.1 项目描述

根据《建筑地基基础设计规范》（GB 50007—2011）第 8.4.7 条，平板式筏基柱下冲切验算见流程图 4-4，柱冲切临界截面示意见图 4-4～图 4-6。

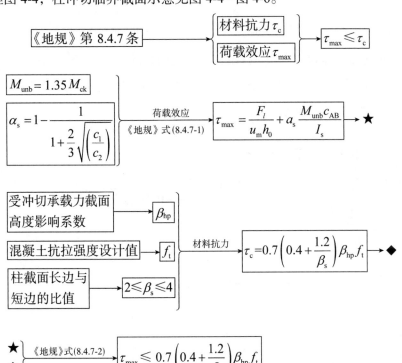

流程图 4-4 平板式筏基的冲切验算

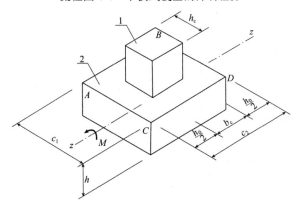

图 4-4 内柱冲切临界截面示意图

1-筏板；2-柱

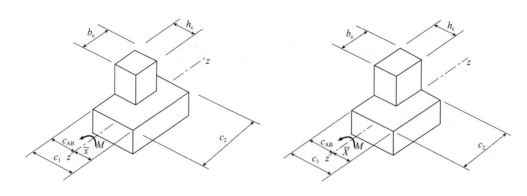

图 4-5　边柱冲切临界截面示意图　　　　图 4-6　角柱冲切临界截面示意图

根据《建筑地基基础设计规范》（GB 50007—2011）第 8.4.10 条，角柱（筒）下筏板受剪承载力验算见流程图 4-5，内柱（筒）下筏板验算剪切部位示意见图 4-7，角柱（筒）下筏板验算剪切部位示意见图 4-8。

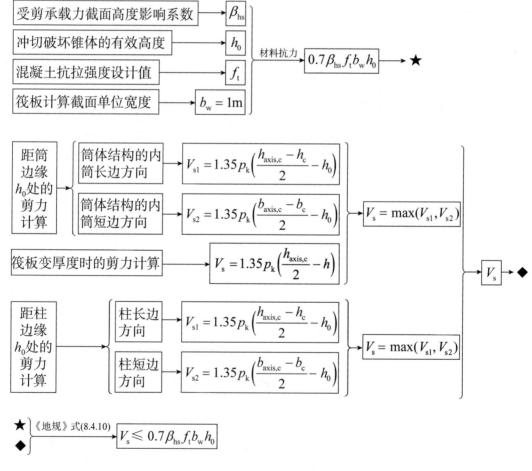

流程图 4-5　受剪承载力验算

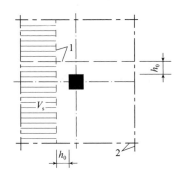

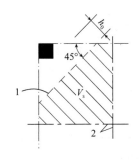

图 4-7　内柱（筒）下筏板验算剪切
部位示意图

图 4-8　角柱（筒）下筏板验算剪切
部位示意图

1-验算剪切部位；2-板格中线

1-验算剪切部位；2-板格中线

4.8.2　项目代码

本计算程序可以计算平板式筏板基础。代码清单 4-8 中：❶为内柱对筏板冲切截面参数的函数；❷为边柱对筏板冲切截面参数的函数；❸为角柱对筏板冲切截面参数的函数；❹为计算混凝土抗拉强度设计值的函数；❺为剪应力抗力设计值的函数；❻为剪应力荷载效应设计值的函数；❼为抗剪函数；❽及下一行代码表示为上述函数参数赋初始值；❾为具体计算柱的位置（根据需计算柱的位置填入）；❿及下一行代码表示调用函数计算柱对平板式筏板基础荷载效应及相应的抗力。具体见代码清单 4-8。

代　码　清　单　　　　　　　　　　　　　　　　　　4-8

```
# -*- coding: utf-8 -*-
from math import sqrt
from datetime import datetime


def inner_column(bc,hc,h,as1):          ❶
    h0 = h-as1
    c1 = hc+h0
    c2 = bc+h0
    um = 2*c1+2*c2
    Is = c1*h0**3/6+c1**3*h0/6+c2*h0*c1**2/2
    return Is, um, c1, c2


def side_column(bc,hc,h,as1):           ❷
    h0 = h-as1
    c1 = hc+h0/2
```

```
        c2  = bc+h0
        um  = 2*c1+c2
        x   = c1**2/(2*c1+c2)
        Is  = c1*h0**3/6+c1**3*h0/6+2*c1*(c1/2-x)**2+c2*h0*x**2
        return Is, um, c1, c2


    def corner_column(bc,hc,h,as1):                    ❸
        h0  = h-as1
        c1  = hc+h0/2
        c2  = bc+h0/2
        um  = c1+c2
        x   = c1**2/(2*(c1+c2))
        Is  = c1*h0**3/12+c1**3*h0/12+h0*c1*(c1/2-x)**2+c2*h0*x**2
        return Is, um, c1, c2


    def ft1(fcuk):                                     ❹
        δ = [0.21, 0.18, 0.16, 0.14, 0.13, 0.12, 0.12,
              0.11, 0.11, 0.1, 0.1, 0.1, 0.1, 0.1]
        i = int((fcuk-15)/5)
        α_c2 = min((1-(1-0.87)*(fcuk-40)/(80-40)),1.0)
        ftk  = 0.88*0.395*fcuk**0.55*(1-1.645*δ[i])**0.45*α_c2
        ft   = ftk/1.4
        return ft


    def τr(h,hc,bc,fcuk):                              ❺
        βs  = max(hc/bc, 2)
        βhp = 1-0.1*(h-800)/(2000-800)
        ft  = ft1(fcuk)
        τresis = 0.7*(0.4+1.2/βs)*βhp*ft
        return τresis


    def τmax(Is,um,h,as1,hc,bc,c1,c2,Mk,Fk,pj):        ❻
        Is  = Is/10**12
        um  = um/1000
        h0  = (h-as1)/1000
        hc  = hc/1000
        bc  = bc/1000
        αs  = 1-1/(1+2/3*sqrt(c1/c2))
```

```
    cAB = (c1/2)/1000
    Fl = 1.35*(Fk-pj*(hc+2*h0)*(bc+2*h0))
    Munb = 1.35*Mk
    τ = (Fl/(um*h0)+αs*Munb*cAB/Is)/1000
    return Is, um, αs, cAB, Fl, Munb, τ


def Vu1(lc,h,hc,bw,as1,fcuk,pj):                    ❼
    h0 = h-as1
    βhs = (800/h0)**0.25
    h0 = h0/1000
    ft = ft1(fcuk)
    Vu = 0.7*βhs*ft*bw*h0
    Vs = 1.35*pj*(lc-hc)/2/1000
    return Vu, Vs, βhs


def main():
    '''                     Fk,    Mk,  pj,  as1, fcuk '''
    Fk,Mk,pj,as1,fcuk = 16000, 200, 242, 50,  30           ❽
    '''                     bc,  hc,   h,    bw,   lc '''
    bc,hc,h,bw,lc =  600, 4000, 1200, 1000, 9450

    position = int(input("输入柱位置代号：0--内柱；1--边柱；2--角柱："))   ❾
    τresis = τr(h,hc,bc,fcuk)
    if position == 0:
        Is, um, c1, c2 = inner_column(bc,hc,h,as1)
        print('--------------所设计的柱位置：内柱--------------')
    elif position == 1:
        Is, um, c1, c2 = side_column(bc,hc,h,as1)
        print('--------------所设计的柱位置：边柱--------------')
    else:
        Is, um, c1, c2 = corner_column(bc,hc,h,as1)
        print('--------------所设计的柱位置：角柱--------------')
    Is,um,αs, cAB, Fl, Munb, τ = τmax(Is,um,h,as1,hc,bc,c1,c2,Mk,Fk,pj) ❿
    Vu, Vs, βhs = Vu1(lc,h,hc,bw,as1,fcuk,pj)

    print(f'与弯矩方向一致的冲切临界截面的边长   c1 = {c1:<3.0f} mm')
    print(f'垂直于 c1 的冲切临界截面的边长        c2 = {c2:<3.0f} mm')
    print(f'冲切临界截面周长                       um = {um:<3.3f} m')
```

```python
print(f'冲切临界截面的极惯性矩              Is = {Is:<3.3f} m^4')
print(f'筏板的截面宽度                    cAB = {cAB:<3.2f} ')
print(f'冲切临界截面上偏心剪力传递的分配系数  αs = {αs:<3.3f}')
print('-'*many)
print(f'相应于作用的基本组合时的集中力       Fl = {Fl:<3.1f} kN')
print(f'冲切临界截面重心的不平衡弯矩设计值 Munb = {Munb:<3.1f} kN·m')
print(f'冲切临界截面上最大剪应力           τmax = {τ:<3.4f} MPa')
print(f'剪应力抗力设计值                 τresis = {τresis:<3.4f} MPa')
if τresis >=τ:
    print('受冲切满足《地规》第8.4.7条要求。')
else:
    print('受冲切不满足《地规》要求，可以加厚底板或提高混凝土强度等级。')
print('-'*many)
print(f'筏板抗剪设计值                    Vu = {Vu:<3.1f} kN')
print(f'地基净反力平均值产生单位宽度剪力设计值 Vs = {Vs:<3.1f} kN')
print(f'筏板受剪切承载力截面高度系数        βhs = {βhs:<3.4f}')
if Vu >= Vs:
    print('受剪满足《地规》第8.4.10条要求。')
else:
    print('受剪不满足《地规》要求，可以加厚底板或提高混凝土强度等级。')


dt = datetime.now()
localtime = dt.strftime('%Y-%m-%d  %H:%M:%S ')
print('-'*many)
print("本计算书生成时间 :", localtime)


filename = '平板式筏板基础受冲切.docx'
with open(filename,'w',encoding = 'utf-8') as f:
    ''' 输出计算结果到docx文件中 '''
    f.write(f'与弯矩方向一致的冲切临界截面的边长   c1 = {c1:<3.0f} mm \n')
    f.write(f'垂直于c1的冲切临界截面的边长       c2 = {c2:<3.0f} mm \n')
    f.write(f'冲切临界截面周长                 um = {um:<3.3f} m \n')
    f.write(f'冲切临界截面的极惯性矩            Is = {Is:<3.3f} m^4 \n')
    f.write(f'筏板的截面宽度                  cAB = {cAB:<3.2f}  \n')
    f.write(f'冲切临界截面上偏心剪力传递的分配系数 αs = {αs:<3.3f} \n')
    f.write(f'相应于作用的基本组合时的集中力      Fl = {Fl:<3.1f} kN \n')
    f.write(f'冲切临界截面重心的不平衡弯矩设计值Munb ={Munb:<3.1f} kN·m \n')
    f.write(f'冲切临界截面上最大剪应力          τmax = {τ:<3.4f} MPa \n')
```

```
        f.write(f'剪应力抗力设计值              τresis={τresis:<3.4f} MPa \n')
        if τresis >=τ:
            f.write('受冲切满足《地规》第 8.4.7 条要求。 \n')
        else:
            f.write('受冲切不满足《地规》要求，可加厚底板或提高混凝土强度。 \n')
        f.write(f'本计算书生成时间： {localtime}')


if __name__ == "__main__":
    many = 60
    print('='*many)
    main()
    print('='*many)
```

4.8.3 输出结果

运行代码清单 4-8，可以得到输出结果 4-8。

输 出 结 果

4-8

```
输入柱位置代号：0--内柱；1--边柱；2--角柱：0
---------------所设计的柱位置：内柱---------------
与弯矩方向一致的冲切临界截面的边长      c1 = 5150 mm
垂直于 c1 的冲切临界截面的边长         c2 = 1750 mm
冲切临界截面周长                    um = 13.800 m
冲切临界截面的极惯性矩               Is = 54.174 m^4
筏板的截面宽度                     cAB = 2.58
冲切临界截面上偏心剪力传递的分配系数    αs = 0.534
------------------------------------------------------------
相应于作用的基本组合时的集中力         Fl = 15631.2 kN
冲切临界截面重心的不平衡弯矩设计值     Munb = 270.0 kN·m
冲切临界截面上最大剪应力             τmax = 0.9918 MPa
剪应力抗力设计值                   τresis = 0.5624 MPa
受冲切不满足《地规》要求，可以加厚底板或提高混凝土强度等级。
------------------------------------------------------------
筏板抗剪设计值                     Vu = 1053.4 kN
地基净反力平均值产生单位宽度剪力设计值 Vs = 890.3 kN
筏板受剪切承载力截面高度系数         βhs = 0.9133
受剪满足《地规》第 8.4.10 条要求。
```

4.9 梁板式筏板基础

4.9.1 项目描述

根据《建筑地基基础设计规范》（GB 50007—2011）第 8.2.8 条、第 8.4.12 条，梁板式筏板基础的截面承载力计算见流程图 4-6，按冲切计算筏板厚度见流程图 4-7，底板的冲切计算示意见图 4-9；斜截面受剪承载力计算见流程图 4-8，梁板式筏板基础受剪面面积计算示意见图 4-10。

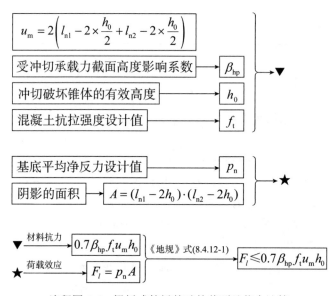

流程图 4-6 梁板式筏板基础的截面承载力计算

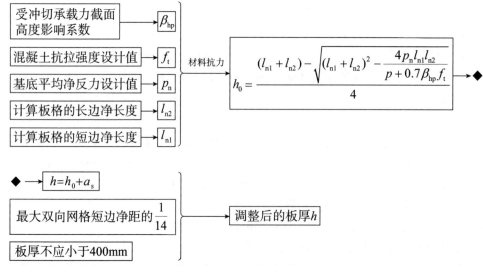

流程图 4-7 按冲切计算筏板厚度

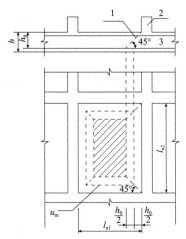

图 4-9　底板的冲切计算示意图

1-冲切破坏锥体的斜截面；2-梁；3-底板

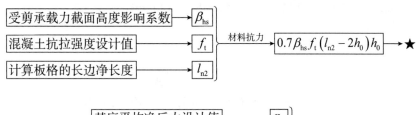

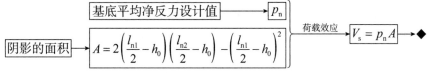

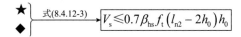

流程图 4-8　斜截面受剪承载力计算

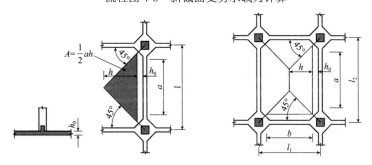

a) 正方形梁板式筏板基础受剪承载力计算　　　b) 长方形梁板式筏板基础受剪承载力计算

图 4-10　梁板式筏板基础受剪面面积计算示意图

4.9.2　项目代码

本计算程序可以实现梁板式筏板基础冲切计算和配筋。代码清单 4-9 中：❶为计算混凝土抗拉强度设计值；❷为计算混凝土抗压强度设计值；❸为计算冲切系数；❹为确定梁板式筏板基础的厚度；❺为梁板式筏板基础冲切抗力；❻为梁板式筏板基础剪切抗力；❼、❽表示为定义的各个函数参数赋初始值。具体见代码清单 4-9。

代码清单	4-9

```python
# -*- coding: utf-8 -*-
from math import sqrt, pi
from datetime import datetime
import sympy as sp

def ft1(fcuk):                                    ❶
    δ = [0.21, 0.18, 0.16, 0.14, 0.13, 0.12, 0.12,
            0.11, 0.11, 0.1, 0.1, 0.1, 0.1, 0.1]
    i = int((fcuk-15)/5)
    α_c2 = min((1-(1-0.87)*(fcuk-40)/(80-40)),1.0)
    ftk = 0.88*0.395*fcuk**0.55*(1-1.645*δ[i])**0.45*α_c2
    ft = ftk/1.4
    return ft

def fc1(fcuk):                                    ❷
    α_c1 = max((0.76+(0.82-0.76)*(fcuk-50)/(80-50)),0.76)
    α_c2 = min((1-(1-0.87)*(fcuk-40)/(80-40)),1.0)
    fck = 0.88*α_c1*α_c2*fcuk
    fc = fck/1.4
    return fc

def βhp1(h):                                      ❸
    if h<= 800:
        βhp = 1.0
    elif h >= 2000:
        βhp = 0.9
    else:
        βhp = 1-(h-800)/1200*0.1
    return  βhp

def h1(ln1,ln2,pn,βhp,as1,fcuk,number):           ❹
    sp.init_printing()
    h = sp.symbols('h', real=True)
    f = sp.Function('f')
    ft = ft1(fcuk)
    h0 = ((ln1+ln2)-sqrt((ln1+ln2)**2-4*pn*ln1*ln2/(pn+0.7*βhp*ft)))/4
    f = h-h0-as1
    h = max(sp.solve(f,h))
    h = max(number*((h//number)+1), 400)
```

```
        return h

    def local_compres_of_concrete(bc,hc,coner,fcuk):          ❺
        Al = bc*hc
        Ab = pi*(bc/sqrt(2)+coner)**2
        βl = sqrt(Ab/Al)
        fcc = 0.85*fc1(fcuk)
        Flu = βl*fcc*Al/1000
        return βl, Flu

    def Vu1(ln1,ln2,h,as1,ft,pn):          ❻
        h0 = h-as1
        βhs = (800/h0)**0.25
        Vu = 0.7*βhs*ft*(ln2-2*h0)*h0/1000

        l1 = ln1-2*h0
        l2 = ln2-2*h0
        Vs = ((l2-l1)+(ln2-2*h0))/2*(ln1-2*h0)/2*pn/1000
        return Vu, Vs, βhs
    def main():
        '''     l1,    l2,    b,    pn,    βhp, as1,    fcuk,  number '''
        paras = 5300, 9050, 800, 0.32, 1.0, 0.050, 35,    0.050          ❼
        l1,l2,b,pn,βhp,as1,fcuk,number = paras
        ln1,ln2 = l1-b, l2-b
        h = h1(ln1,ln2,pn,βhp,as1,fcuk,number)
        βhp = βhp1(h)
        ft = ft1(fcuk)

        bc,hc,coner = 1450, 1450, 100          ❽
        βl, Flu = local_compres_of_concrete(bc,hc,coner,fcuk)
        Vu, Vs, βhs = Vu1(ln1,ln2,h,as1,ft,pn)
        print('------梁板式筏板基础受冲切------')
        print('-'*m)
        print(f'筏板的截面厚度              h = {h:<3.0f} mm')
        print(f'筏板的截面冲切系数          βhp = {βhp:<3.3f} ')
        print(f'筏板的局部受压提高系数      βl = {βl:<3.3f} ')
        print(f'基础梁顶面局部受压承载力    Flu = {Flu:<3.1f} kN')
        print(f'筏板的截面受剪系数          βhs = {βhs:<3.3f} ')
        print(f'筏板的截面抗剪承载力设计值  Vu = {Vu:<3.1f} kN')
        print(f'筏板的截面剪切效应设计值    Vs = {Vs:<3.1f} kN')

        dt = datetime.now()
        localtime = dt.strftime('%Y-%m-%d  %H:%M:%S ')
```

```
    print('-'*m)
    print("本计算书生成时间 :", localtime)

    filename = '梁板式筏板基础受冲切.docx'
    with open(filename,'w',encoding = 'utf-8') as f:
        f.write(f'筏板的截面厚度              h = {h:<3.0f} mm \n')
        f.write(f'筏板的截面冲切系数          βhp = {βhp:<3.3f}  \n')
        f.write(f'筏板的局部受压提高系数        βl = {βl:<3.3f}  \n')
        f.write(f'基础梁顶面局部受压承载力   Flu = {Flu:<3.1f} kN \n')
        f.write(f'筏板的截面受剪系数          βhs = {βhs:<3.3f}  \n')
        f.write(f'筏板的截面抗剪承载力设计值   Vu = {Vu:<3.0f} kN \n')
        f.write(f'筏板的截面剪切效应设计值     Vs = {Vs:<3.0f} kN \n')
        f.write(f'本计算书生成时间 : {localtime}')

if __name__ == "__main__":
    m = 50
    print('='*m)
    main()
    print('='*m)
```

4.9.3 输出结果

运行代码清单 4-9，可以得到输出结果 4-9。

输 出 结 果　　　　　　　　　　　　　　　　　　4-9

```
------梁板式筏板基础受冲切------
----------------------------------------
筏板的截面厚度              h = 400 mm
筏板的截面冲切系数          βhp = 1.000
筏板的局部受压提高系数        βl = 1.376
基础梁顶面局部受压承载力   Flu = 41102.5 kN
筏板的截面受剪系数          βhs = 1.189
筏板的截面抗剪承载力设计值   Vu = 3905.7 kN
筏板的截面剪切效应设计值     Vs = 3315.3 kN
```

4.10 实用塑性铰线法

4.10.1 项目描述

双向板塑性铰线法计算简图见图 4-11 和图 4-12；双向板塑性铰线法计算示例简图见

图4-13 和图 4-14。

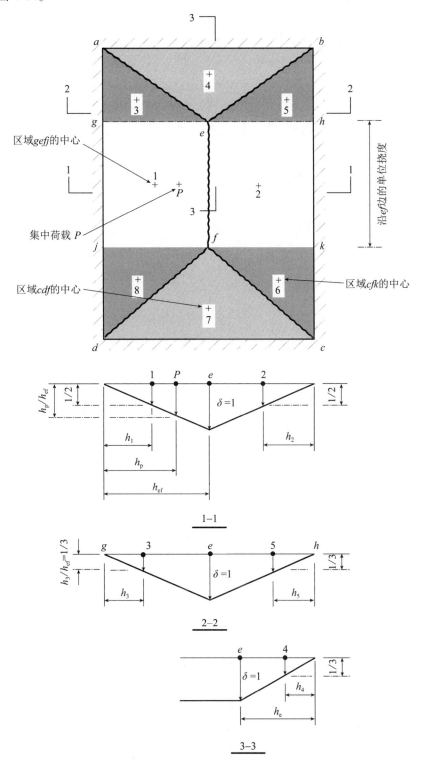

图 4-11 双向板塑性铰线法计算简图（1）

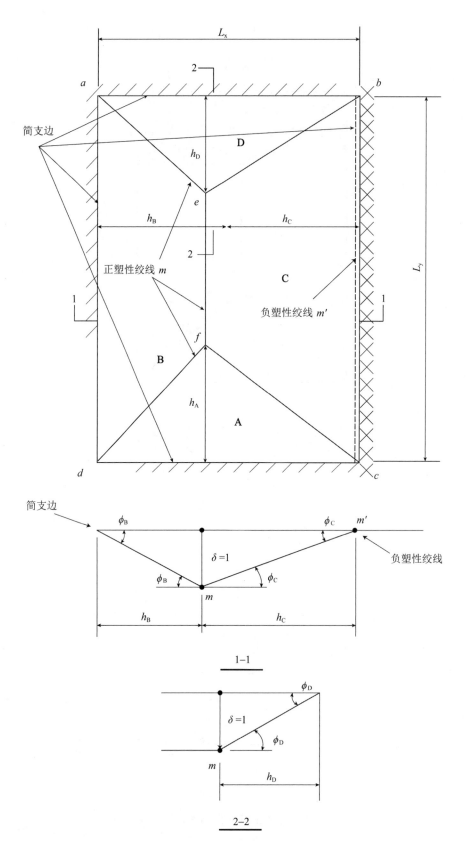

图 4-12　双向板塑性铰线法计算简图（2）

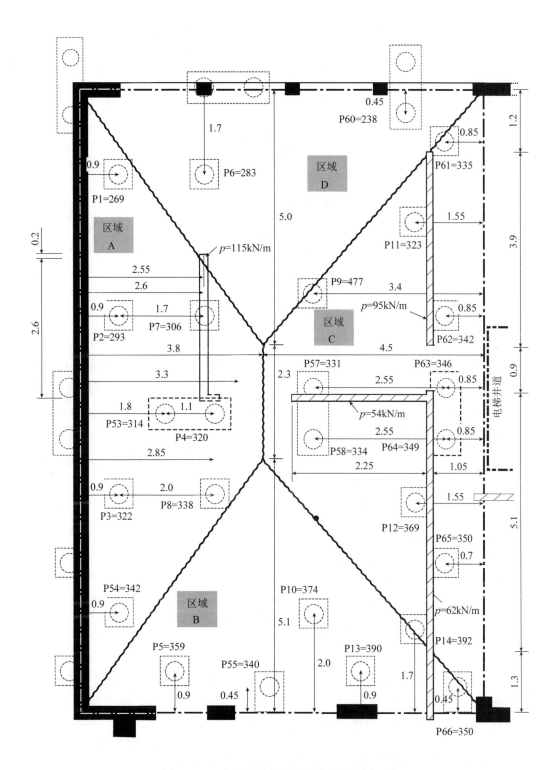

图 4-13　双向板塑性铰线法计算示例简图（1）

（图中，长度单位为 m，力的单位为 kN，铰线单位为 kN/m）

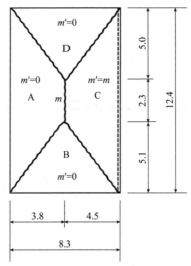

图 4-14　双向板塑性铰线法计算示例简图（2）

（图中，长度单位为 m）

4.10.2　项目代码

本计算程序为实用塑性铰线法计算筏板配筋。代码清单 4-10 中：❶为筏板几何抗力参数函数；❷为筏板顶部荷载效应函数；❸为筏板底部桩基的反力效应函数；❹为各个函数参数赋初始值（尺寸参数见图 4-14）；❺为计算筏板的平面尺寸（见图 4-14）；❻及下面的代码段为筏板板面荷载及到板边的距离（见图 4-13）；❼为汇总桩基效应函数；❽为铰线上的荷载效应（见图 4-13）；❾及下面的代码段汇总所有的外部效应并计算 m 值；❿及下面的代码段为筏板配筋计算。具体见代码清单 4-10。

代 码 清 单　　　　　　　　　　　　　　　　4-10

```python
# -*- coding: utf-8 -*-
from datetime import datetime
from math import pi, sqrt


def dissipated(L,B,la,lb,lc,ld):                    ❶
    return L*(1/la+2/lc)+B*(1/lb+1/ld)


def top_load(L,B,raftweight,L_load,L_load_len,L_load_arm,L_load_para): ❷
    lload = [L_load[i]*L_load_len[i]*L_load_arm[i]/L_load_para[i]
            for i in range(len(L_load))]

    raftload = raftweight*B*B/3+raftweight*(L-B)*B/2
    Eload = sum(lload)+raftload
    return Eload
```

```
def expended(γQ,la,region_load,region_dis): ❸
    region = [region_load[i]*region_dis[i] for i in
range(len(region_dis))]
    E = [γQ*ra/la for ra in region]
    return E


def main():
    print('------ 实用塑性铰线法计算筏板基础 ------')
    L,B,fy,h,as1,renfordis,γc,γQ = 12.4, 8.3, 360, 600, 75, 250, 25, 1.5 ❹

    h0 = h-as1
    raftweight = -γc*h/1000
    la,lb,lc,ld = 3.8, 5.1, 4.5, 5.1          ❺

    region_Aload = 269, 293, 322, 342, 306, 388, 314, 320          ❻
    region_Adis = 0.9, 0.9, 0.9, 0.9, 2.6, 2.9, 1.8, 2.9
    Ea = sum(expended(γQ,la,region_Aload,region_Adis))

    region_Bload = 359, 374, 390, 392, 340, 350
    region_Bdis = 0.9, 2.0, 0.9, 1.7, 0.45, 0.45
    Eb = sum(expended(γQ,lb,region_Bload,region_Bdis))

    region_Cload = 477, 323, 331, 334, 335, 342, 346, 349, 369, 350
    region_Cdis = 3.4, 1.55, 3.4, 3.4, 0.85, 0.85, 0.85, 0.85, 1.55, 0.7
    Ec = sum(expended(γQ,lc,region_Cload,region_Cdis))

    region_Dload = 283, 328
    region_Ddis = 1.7, 0.45
    Ed = sum(expended(γQ,ld,region_Dload,region_Ddis))
    Esum = Ea+Eb+Ec+Ed          ❼

    L_load = -115, -62, -115, -54, -95, -62 ❽
    L_load_len = 2.6, 1.3, 0.2, 3.9, 3.9, 5.1
    L_load_arm = 2.55, 0.65, 3.2, 2.7, 1.15, 1.15
    L_load_para = 3.8, 5.1, 5, 4.5, 4.5, 4.5
    Eload=top_load(L,B,raftweight,L_load,L_load_len,L_load_arm,L_load_para)

    E = Esum+Eload          ❾
    D = dissipated(L,B,la,lb,lc,ld)
```

```
        m = E/D

        Asreq = 1.1*m*10**6/(0.9*fy*h0)              ❿
        n = 1000/renfordis
        d = sqrt(4*Asreq/pi/n)

        renfd = [6,8,10,12,14,16,18,20,22,25,28,32,36,40,50]
        for v,dd in enumerate(renfd):
            if d > dd:
                xx = v
        d = renfd[xx]

    print('-'*many)
    print(f'A 区域的荷载效应            Ea = {Ea:<3.2f} kN·m')
    print(f'B 区域的荷载效应            Eb = {Eb:<3.2f} kN·m')
    print(f'C 区域的荷载效应            Ec = {Ec:<3.2f} kN·m')
    print(f'D 区域的荷载效应            Ed = {Ed:<3.2f} kN·m')
    print(f'筏板底面的荷载效应之和  Eraft = {Esum:<3.2f} kN·m')
    print(f'筏板顶面的荷载效应之和  Eload = {Eload:<3.2f} kN·m')
    print(f'筏板荷载效应总和            E = {E:<3.2f} kN·m')
    print(f'筏板几何抗力参数            D = {D:<3.2f} kN·m')
    print(f'求得的单位宽度弯矩效应      m = {m:<3.2f} kN·m/m')
    print(f'单位宽度所需钢筋面积    Asreq = {Asreq:<3.2f} mm^2/m')
    print(f'板底板顶双层双向钢筋直径及间距 φ{d:<2.0f} @ {renfordis} mm')

    dt = datetime.now()
    localtime = dt.strftime('%Y-%m-%d  %H:%M:%S')
    print('-'*many)
    print("本计算书生成时间 :", localtime)

    filename = '实用塑性铰线法计算筏板基础.docx'
    with open(filename,'w',encoding = 'utf-8') as f:
        f.write('\n'+expended.__doc__+'\n')
        f.write(f'A 区域的荷载效应            Ea = {Ea:<3.2f} kN·m\n')
        f.write(f'B 区域的荷载效应            Eb = {Eb:<3.2f} kN·m\n')
        f.write(f'C 区域的荷载效应            Ec = {Ec:<3.2f} kN·m\n')
        f.write(f'D 区域的荷载效应            Ed = {Ed:<3.2f} kN·m\n')
        f.write(f'筏板底面的荷载效应之和  Eraft = {Esum:<3.2f} kN·m\n')
        f.write(f'筏板顶面的荷载效应之和  Eload = {Eload:<3.2f} kN·m\n')
        f.write(f'筏板荷载效应总和            E = {E:<3.2f} kN·m\n')
```

```
        f.write(f'筏板几何抗力参数          D = {D:<3.2f} kN·m\n')
        f.write(f'求得的单位宽度弯矩效应      m = {m:<3.2f} kN·m/m\n')
        f.write(f'单位宽度所需钢筋面积    Asreq = {Asreq:<3.2f} mm^2/m\n')
        f.write(f'板底板顶双层双向钢筋      φ{d:<2.0f} @ {renfordis} mm\n')
        f.write(f'本计算书生成时间 : {localtime}')


if __name__ == "__main__":
    many = 45
    print('='*many)
    main()
    print('='*many)
```

4.10.3　输出结果

运行代码清单 4-10，可以得到输出结果 4-10。

输 出 结 果　　　　　　　　　　　　　　　　　　　　4-10

```
------ 实用塑性铰线法计算筏板基础 ------
-----------------------------------------------
A 区域的荷载效应          Ea = 1783.18 kN·m
B 区域的荷载效应          Eb = 705.59 kN·m
C 区域的荷载效应          Ec = 2122.20 kN·m
D 区域的荷载效应          Ed = 184.91 kN·m
筏板底面的荷载效应之和 Eraft = 4795.88 kN·m
筏板顶面的荷载效应之和 Eload = -1127.16 kN·m
筏板荷载效应总和           E = 3668.72 kN·m
筏板几何抗力参数           D = 12.03 kN·m
求得的单位宽度弯矩效应       m = 304.99 kN·m/m
单位宽度所需钢筋面积    Asreq = 1972.27 mm^2/m
板底板顶双层双向钢筋直径及间距 φ25 @ 250 mm
```

第5章

桩基础

5.1 单桩竖向极限承载力标准值

5.1.1 项目描述

根据《建筑桩基技术规范》（JGJ 94—2008）（简称《桩规》），单桩竖向极限承载力标准值计算见流程图 5-1。

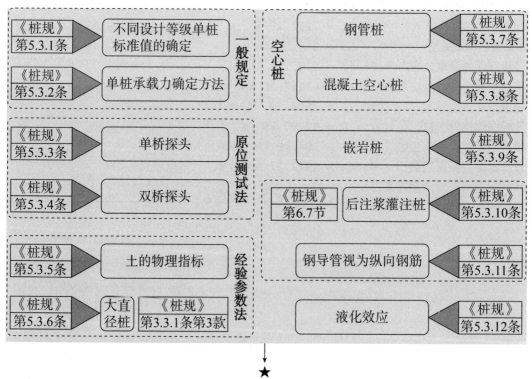

流程图 5-1

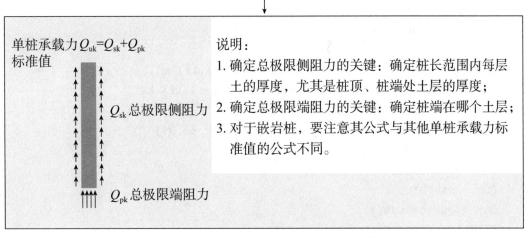

流程图 5-1　单桩竖向极限承载力标准值计算

5.1.2　项目代码

本计算程序可以计算单桩竖向极限承载力标准值。代码清单 5-1 中：❶为定义单桩竖向极限承载力标准值函数；❷为计算桩的周长；❸为求数组积再求和得到单桩竖向极限承载力标准值；❹为采用线性代数点积法得到单桩竖向极限承载力标准值；❺的 error 是为了验证❸、❹两种方法计算的土的单桩竖向极限承载力标准值是否一致；❻及下一行代码为输入土层的侧摩阻力 q_{sk}（kPa）和厚度 h（m）的数值；❼为绘制输出结果 5-1 图示的代码段的开始行。具体见代码清单 5-1

代　码　清　单　　　　　　　　　　　　　5-1

```
# -*- coding: utf-8 -*-
import numpy as np
from math import  pi
import matplotlib.pyplot as plt

def Quk(qsk,h,d):                          ❶
    up = pi*d                              ❷
    Quk1 = np.dot(qsk,h)*up                ❸
    Quk2 = np.sum(qsk*h*up)                ❹
    error = Quk2-Quk1                      ❺
    return up, Quk1, Quk2, error

if __name__ == "__main__":
    d = 0.6
```

```
qsk = np.array([0, 68.6, 50.6, 59.3])    ❻
h = np.array([0, 2.6, 3.6, 5.8])
up, Quk1, Quk2 , error = Quk(qsk,h,d)

print(f'桩身周长            up = {up:<3.1f} m')
print(f'单桩承载力标准值       Quk1 = {Quk1:<3.1f} kN')
print(f'单桩承载力标准值       Quk2 = {Quk2:<3.1f} kN')
print(f'两种计算方法的误差值 error = {error:<3.3f} ')

hz = h.cumsum()
Quk = qsk*h*up
Quk = Quk.cumsum()
Quk3 = qsk*h

fig, ax = plt.subplots(1,1, figsize=(5.7, 3.6), facecolor="#f1f1f1")    ❼
plt.grid(True)
plt.plot(Quk,hz,color='r',linewidth=3)

graph = '单桩单个土层抗压承载力'
ax.set_xlabel("$Q_{uk}$ (kN)",fontsize=9, fontname='serif')
ax.set_ylabel("$hz$ (m)", fontsize=9, fontname='serif')
ax.fill_between(Quk,hz,sum(h),color=plt.cm.magma(0.85),alpha=0.66)

plt.gca().invert_yaxis()
ax.xaxis.set_ticks_position('top')
ax.xaxis.set_label_position('top')
fig.savefig(graph, dpi=600, facecolor="#f1f1f1")
```

5.1.3 输出结果

运行代码清单 5-1, 可以得到输出结果 5-1。输出结果 5-1 中:❶为桩的周长;❷为求数组积再求和得到单桩竖向极限承载力标准值;❸为采用线性代数点积法得到单桩竖向极限承载力标准值。

输出 结 果		5-1
up = 1.9 m	❶	
Quk1 = 1327.9 kN	❷	
Quk2 = 1327.9 kN	❸	
error = 0.000		

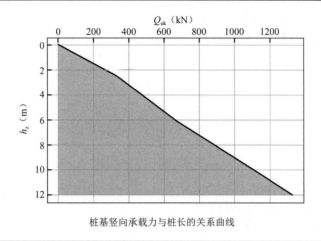

桩基竖向承载力与桩长的关系曲线

5.2 泥浆护壁钻孔桩承载力特征值

5.2.1 项目描述

泥浆护壁钻孔桩单桩竖向承载力标准值为：

$$Q_{uk} = u\sum q_{sik}l_i + \lambda_p q_{pk}A_p \tag{5-1}$$

泥浆护壁钻孔桩单桩竖向承载力特征值为：

$$R_a = \frac{1}{K}Q_{uk} \tag{5-2}$$

5.2.2 项目代码

本计算程序可以计算泥浆护壁钻孔桩承载力特征值。代码清单 5-2 中：❶为混凝土抗压强度设计值；❷为定义桩基承载力特征值的函数；❸为求桩的抗压强度设计值及配筋率；❹表示为以上各函数参数赋初始值；❺及下面三行代码表示给出桩基计算的参数数组以便于计算。具体见代码清单 5-2。

代 码 清 单　　　　　　　　　　　　　　　　5-2

```
# -*- coding: utf-8 -*-
from math import pi
import numpy as np
from datetime import datetime

def fc1(fcuk):                        ❶
    α_c1 = max((0.76+(0.82-0.76)*(fcuk-50)/(80-50)),0.76)
```

```
    α_c2 = min((1-(1-0.87)*(fcuk-40)/(80-40)),1.0)
    fck = 0.88*α_c1*α_c2*fcuk
    fc = fck/1.4
    return fc


def Ra1(d,h,ψsi,qsik, ψp,qpk):                       ❷
    d = d/1000
    u = pi*d
    Ap = pi*d**2/4
    h_ψsi = ψsi*h
    Qsk = u*np.dot(h_ψsi,qsik)
    Qpk = (ψp*qpk[-1]*Ap)
    Quk = Qsk + Qpk
    K = 2.0
    Ra = Quk/K
    return Ap, Qsk, Qpk, Quk, Ra


def Nau(d,drenf,n,fy,fc,ψc):                          ❸
    Aps = pi*d**2/4
    As1 = n*pi*drenf**2/4
    ρg = As1/Aps
    Nu = (ψc*fc*Aps+0.9*fy*As1)/1000
    Na = Nu/1.35
    return ρg, Na


def main():
    '''                    d,   fcuk,  fy,  n,  drenf'''
    d, fcuk, fy, n, drenf = 600, 30,   360, 8,  20      ❹
    ψp, ψc = 0.87, 0.75

    h = np.array([5, 5, 7])                   ❺
    qsik = np.array([20, 30, 90])
    ψsi = np.array([0.66, 0.68, 0.75])
    qpk = np.array([50, 200, 2500])

    fc = fc1(fcuk)
    Ap, Qsk, Qpk, Quk, Ra = Ra1(d,h,ψsi,qsik,ψp,qpk)
    ρg, Na = Nau(d,drenf,n,fy,fc,ψc)

    print(f'桩身截面面积    Ap = {Ap:<3.2f} m^2')
    print(f'桩侧摩阻力标准值 Qsk = {Qsk:<3.1f} kN')
    print(f'桩端阻力标准值  Qpk = {Qpk:<3.1f} kN')
    print(f'单桩承载力标准值 Quk = {Quk:<3.1f} kN')
```

```
    print(f'单桩承载力特征值      Ra = {Ra:<3.1f} kN')
    print(f'最大荷载效应值        Na = {Na:<3.1f} kN')
    print(f'单桩配筋率            ρg = {ρg*100:<3.3f} %')

    if Na >= Ra:
        print(f'Na = {Na:<3.1f} kN >= Ra = {Ra:<3.1f} kN, 满足《桩规》')
    else:
        print(f'Na = {Na:<3.1f} kN < Ra = {Ra:<3.1f} kN, 不满足《桩规》')
    if Na >= 1.2*Ra:
        print(f'Na = {Na:<3.1f} kN >=1.2Ra ={1.2*Ra:<3.1f} kN,满足《桩规》')
    else:
        print(f'Na ={Na:<3.1f}kN < 1.2Ra ={1.2*Ra:<3.1f} kN,不满足《桩规》')

    dt = datetime.now()
    localtime = dt.strftime('%Y-%m-%d  %H:%M:%S')
    print('-'*m)
    print("本计算书生成时间 :", localtime)

    with open('泥浆护壁钻孔桩.docx','w',encoding = 'utf-8') as f:
        f.write(f'桩身截面面积        Ap = {Ap:<3.2f} m^2 \n')
        f.write(f'桩侧摩阻力标准值  Qsk = {Qsk:<3.1f} kN \n')
        f.write(f'桩端阻力标准值      Qpk = {Qpk:<3.1f} kN \n')
        f.write(f'单桩承载力标准值  Quk = {Quk:<3.1f} kN \n')
        f.write(f'单桩承载力特征值   Ra = {Ra:<3.1f} kN \n')
        f.write(f'最大荷载效应值        Na = {Na:<3.1f} kN \n')
        f.write(f'单桩配筋率            ρg = {ρg*100:<3.3f} % \n')
        f.write(f'本计算书生成时间 : {localtime}')

if __name__ == "__main__":
    m = 66
    print('='*m)
    main()
    print('='*m)
```

5.2.3 输出结果

运行代码清单 5-2，可以得到输出结果 5-2。

输 出 结 果   5-2

```
桩身截面面积      Ap = 0.28 m^2
桩侧摩阻力标准值  Qsk = 1207.3 kN
桩端阻力标准值    Qpk = 615.0 kN
```

单桩承载力标准值　Quk = 1822.3 kN
单桩承载力特征值　Ra = 911.1 kN
最大荷载效应值　　Na = 2854.4 kN
单桩配筋率　　　　ρg = 0.889 %
Na = 2854.4 kN >= Ra = 911.1 kN, 满足《桩规》。
Na = 2854.4 kN >=1.2 Ra = 1093.4 kN, 满足《桩规》。

5.3　混凝土空心桩承载力特征值

5.3.1　项目描述

根据《建筑桩基技术规范》（JGJ 94—2008）第 5.3.8 条，混凝土空心桩承载力特征值计算见流程图 5-2。

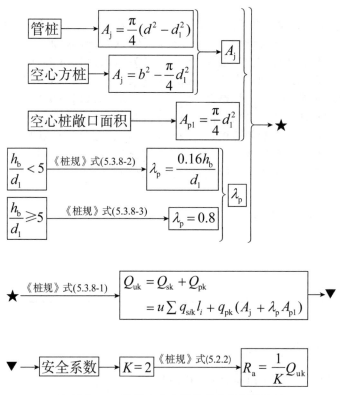

流程图 5-2　混凝土空心桩承载力特征值计算

5.3.2　项目代码

本计算程序可以计算混凝土空心桩承载力特征值。代码清单 5-3 中：❶为定义 A_j 的函数；❷为定义R_a的函数；❸表示根据计算输入管桩或空心方桩的代号 1 或 2；❹为桩本身的参数；❺为桩侧土层深度数组；❻为桩侧土层侧摩阻力深度数组；❼为桩土层每层土的端阻力值深度数组（仅取用桩端处土层数值）。具体见代码清单 5-3。

代码清单	5-3

```python
# -*- coding: utf-8 -*-
from math import pi
import numpy as np
from datetime import datetime


def Aj1(d,d1,b,para):                           ❶
    if 1 == para:
        Aj = pi*(d**2-d1**2)/4
    elif 2 == para:
        Aj = pi*(b**2-d1**2)/4
    return Aj


def Ra1(d,d1,h,hb,Aj,qsik,qpk):                 ❷
    u = pi*d
    λp = 0.16*hb/d1 if hb/d1 <5 else 0.8
    Ap1 = pi*d1**2/4
    Qsk = u*np.dot(h,qsik)
    Qpk = qpk[-1]*(Aj+λp*Ap1)
    Quk = Qsk + Qpk
    Ra = Quk/2
    return  Ap1, Qsk, Qpk, Quk, Ra, λp


def main():
    xz = input('输入类型 (管桩或空心方桩): ')   ❸
    para = {'管桩':1,  '空心方桩':2}[xz]
    '''              b,    d,    d1,   hb   '''  ❹
    b, d, d1, hb  = 0.45, 0.5, 0.3, 1.6

    h = np.array([5, 5, 7])                     ❺
    qsik = np.array([20, 30, 90])               ❻
    qpk = np.array([50, 200, 2500])             ❼

    Aj = Aj1(d,d1,b,para)
    Ap1, Qsk, Qpk, Quk, Ra, λp = Ra1(d,d1,h,hb,Aj,qsik,qpk)
```

```
        print(f'桩身截面面积        Aj = {Aj:<3.2f} m^2')
        print(f'桩身截面面积        Ap1 = {Ap1:<3.2f} m^2')
        print(f'桩端土塞效应系数    λp = {λp:<3.2f} ')
        print(f'桩侧摩阻力标准值    Qsk = {Qsk:<3.1f} kN')
        print(f'桩端阻力标准值      Qpk = {Qpk:<3.1f} kN')
        print(f'单桩承载力标准值    Quk = {Quk:<3.1f} kN')
        print(f'单桩承载力特征值    Ra = {Ra:<3.1f} kN')

        dt = datetime.now()
        localtime = dt.strftime('%Y-%m-%d  %H:%M:%S')
        print('-'*m)
        print("本计算书生成时间 :", localtime)

        with open('泥浆护壁钻孔桩.docx','w',encoding = 'utf-8') as f:
            f.write(f'桩身截面面积        Ap1 = {Ap1:<3.2f} m^2 \n')
            f.write(f'桩侧摩阻力标准值    Qsk = {Qsk:<3.1f} kN \n')
            f.write(f'桩端阻力标准值      Qpk = {Qpk:<3.1f} kN \n')
            f.write(f'单桩承载力标准值    Quk = {Quk:<3.1f} kN \n')
            f.write(f'单桩承载力特征值    Ra = {Ra:<3.1f} kN \n')
            f.write(f'本计算书生成时间 : {localtime}')

if __name__ == "__main__":
    m = 60
    print('='*m)
    main()
    print('='*m)
```

5.3.3　输出结果

运行代码清单 5-3，可以得到输出结果 5-3。

输 出 结 果 5-3

```
输入类型（管桩或空心方桩）：空心方桩
桩身截面面积        Aj = 0.09 m^2
桩身截面面积        Ap1 = 0.07 m^2
桩端土塞效应系数    λp = 0.80
桩侧摩阻力标准值    Qsk = 1382.3 kN
桩端阻力标准值      Qpk = 362.3 kN
单桩承载力标准值    Quk = 1744.6 kN
单桩承载力特征值    Ra = 872.3 kN
```

5.4 桩 基 根 数

5.4.1 项目描述

根据《建筑桩基技术规范》（JGJ 94—2008）第5.2.1条、第5.1.1条和《建筑抗震设计规范》（GB 50011—2010）（简称《抗规》）第4.2.3条，桩基竖向承载力计算见流程图5-3～流程图5-5。

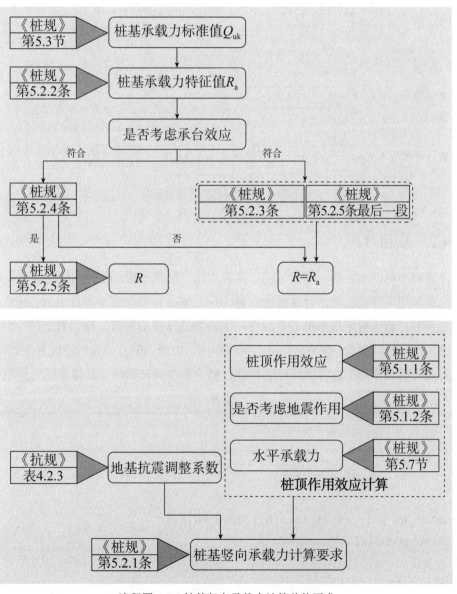

流程图 5-3　桩基竖向承载力计算总体要求

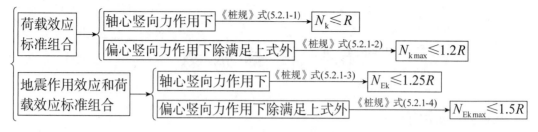

流程图 5-4　判断是否满足承载力要求

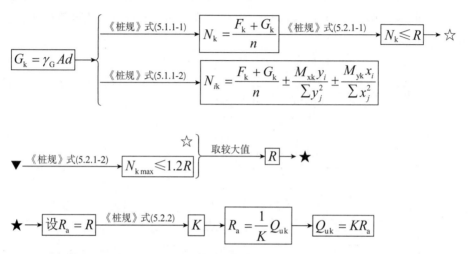

流程图 5-5　桩基竖向承载力计算

5.4.2　项目代码

本计算程序可以确定轴心荷载、偏心荷载作用下桩基根数。代码清单 5-4 中：❶为定义轴心荷载作用下桩基根数的计算函数；❷为定义偏心荷载作用下由最小偏心荷载确定桩基根数的函数；❸为假定最小偏心荷载作用下桩为抗压桩的根数；❹为假定最小偏心荷载作用下桩为抗拔桩的根数；❺为定义偏心荷载作用下由最大偏心荷载确定桩基根数的函数；❻为最大偏心荷载作用下桩为抗压桩的根数；❼为程序赋初始值。具体见代码清单 5-4。

代 码 清 单　　　　　　　　　　　　　　　5-4

```python
# -*- coding: utf-8 -*-
import sympy as sp
from datetime import datetime


def number_of_pile_axial_load(b,l,d,γG,Fk,Ra):          ❶
    n = sp.symbols('n', real=True)
    A = b*l
    Gk= γG*d*A
```

```
    Eq = (Fk+Gk)/n-Ra
    n = max(sp.solve(Eq,n))
    return n


def number_of_pile_eccentric_load_min(b,l,d,γG,Fk,Mxk,Ra_t,d_pile):      ❷
    n = sp.symbols('n', real=True)
    A = b * l
    Gk= γG*d*A
    y = 3*d_pile

    Eq = (Fk+Gk)/n-(Mxk*y)/(y**2)
    n1 = max(sp.solve(Eq,n))                    ❸

    Eq = (Fk+Gk)/n-(Mxk*y)/(y**2)-Ra_t
    n2 = max(sp.solve(Eq,n))                    ❹
    n = min(n1,n2)
    return n


def number_of_pile_eccentric_load_max(b,l,d,γG,Fk,Mxk,Ra_p,d_pile):      ❺
    n = sp.symbols('n', real=True)
    A = b*l
    Gk= γG*d*A
    y = 3*d_pile
    Eq = (Fk+Gk)/n+(Mxk*y)/(y**2)-1.2*Ra_p
    n = max(sp.solve(Eq,n))                     ❻
    return n


def main():
    ''' 计算式中各单位为 kN、m 制 '''
    '''    b,  l,  d,   γG, Fk,   Mxk,  Ra,  Ra_t, Ra_p, d_pile'''      ❼
    para = 3, 5, 2.2, 20, 2650, 1060, 800, -130, 800,  0.8
    b,l,d,γG,Fk,Mxk,Ra,Ra_t,Ra_p,d_pile = para
    n1 = number_of_pile_axial_load(b,l,d,γG,Fk,Ra)
    n2 = number_of_pile_eccentric_load_min(b,l,d,γG,Fk,Mxk,Ra_t,d_pile)
    n3 = number_of_pile_eccentric_load_max(b,l,d,γG,Fk,Mxk,Ra_p,d_pile)
    n  = max(n1,n2,n3)

    print(f'轴心荷载作用下桩基根数        n1 = {n1:<2.0f}根')
```

```
    print(f'最小偏心荷载作用下桩基根数   n2 = {n2:<2.0f}根')
    print(f'最大偏心荷载作用下桩基根数   n3 = {n3:<2.0f}根')
    print(f'桩基根数包络值                n = {n:<2.0f}根')

    dt = datetime.now()
    localtime = dt.strftime('%Y-%m-%d  %H:%M:%S')
    print('-'*m)
    print("本计算书生成时间 :", localtime)

    with open('桩基根数.docx','w',encoding = 'utf-8') as f:
        f.write('本计算程序为桩基根数确定程序: \n')
        f.write(f'轴心荷载作用下桩基根数        n1 = {n1:<2.0f}根 \n')
        f.write(f'最小偏心荷载作用下桩基根数   n2 = {n2:<2.0f}根 \n')
        f.write(f'最大偏心荷载作用下桩基根数   n3 = {n3:<2.0f}根 \n')
        f.write(f'桩基根数包络值                n = {n:<2.0f}根 \n')
        f.write(f'本计算书生成时间 : {localtime}')

if __name__ == "__main__":
    m = 66
    print('='*m)
    main()
    print('='*m)
```

5.4.3 输出结果

运行代码清单 5-4，可以得到输出结果 5-4。

输 出 结 果		5-4
轴心荷载作用下桩基根数	n1 = 4 根	
最小偏心荷载作用下桩基根数	n2 = 7 根	
最大偏心荷载作用下桩基根数	n3 = 6 根	
桩基根数包络值	n = 7 根	

5.5 二桩承台

5.5.1 项目描述

根据《建筑桩基技术规范》（JGJ 94—2008）第 5.9 节，承台计算见流程图 5-6。

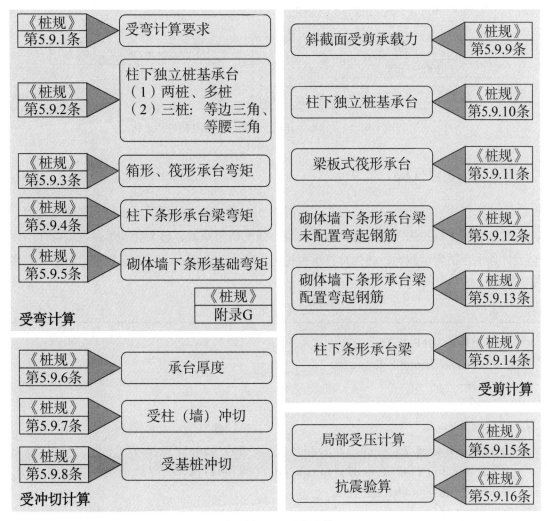

流程图 5-6　承台计算

根据《建筑桩基技术规范》（JGJ 94—2008）第 5.9.1 条、第 5.9.2 条，独立桩基承台的正截面弯矩设计值计算见流程图 5-7。

《桩规》第5.1.1条 → $N_{kmax} = \dfrac{F_k}{n} + \dfrac{M_{xk}y}{\sum y^2} + \dfrac{M_{yk}x}{\sum x^2}$ 《地规》第3.0.6条 → ★

★ → $N_{max} = 1.35 N_{k\,max}$ 《桩规》第5.9.2条 → $M_{max} = \sum N_{max} x_i$

流程图 5-7　独立桩基承台的正截面弯矩设计值计算

根据《建筑桩基技术规范》（JGJ 94—2008）第 5.9.7 条，竖向轴心力作用下桩基承台受柱的冲切设计见流程图 5-8。

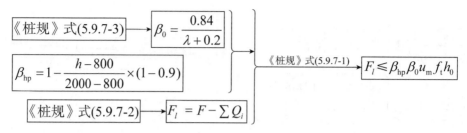

流程图 5-8　竖向轴心力作用下桩基承台受柱的冲切设计

5.5.2　项目代码

本计算程序可以计算二桩承台。代码清单 5-5 中：❶为计算混凝土抗压强度设计值；❷为计算混凝土抗拉强度设计值；❸为混凝土强度调整系数；❹为计算承台弯矩设计值；❺为计算承台抗弯承载力；❻为计算承台抗剪承载力；❼表示为以上函数赋初始值。具体见代码清单 5-5。

代码清单　　　　　　　　　　　　　　　　　　　　　5-5

```python
# -*- coding: utf-8 -*-
from datetime import datetime
import sympy as sp


def fc1(fcuk):                                    ❶
    α_c1 = max((0.76 + (0.82-0.76)*(fcuk-50)/(80-50)),0.76)
    α_c2 = min((1 - (1-0.87)*(fcuk-40)/(80-40)),1.0)
    fck = 0.88*α_c1*α_c2*fcuk
    fc = fck/1.4
    return fc


def ft1(fcuk):                                    ❷
    δ = [0.21, 0.18, 0.16, 0.14, 0.13, 0.12, 0.12,
            0.11, 0.11, 0.1, 0.1, 0.1, 0.1, 0.1]
    i = int((fcuk-15)/5)
    α_c2 = min((1-(1-0.87)*(fcuk-40)/(80-40)),1.0)
    ftk = 0.88*0.395*fcuk**0.55*(1-1.645*δ[i])**0.45*α_c2
    ft = ftk/1.4
    return ft


def α11(fcuk):                                    ❸
    α1 = min(1.0-0.06*(fcuk-50)/3, 1.0)
```

```
        return α1

def moment(N,y):                               ❹
    Mx = N*y
    V = N
    return Mx, V

def Bending_resistance(ln,b,c,h,as1,Mx,α1,fc,ft,fy):    ❺
    x = sp.symbols('x', real=True)
    M = Mx*10**6
    h0 = h-as1
    Eq = M-α1*fc*b*x*(h0-x/2)
    x = min(sp.solve(Eq, x))
    x = 0.2*h0 if x < 0.2*h0 else x

    l0 = 1.15*ln
    αd = 0.8+0.04*l0/h
    z = αd*(h0-0.5*x)

    ρmin = max(0.2, 45*ft/fy)/100
    Asmin = ρmin*b*h0
    As = M/(fy*z)
    As = max(As, Asmin)
    return As, Asmin

def Shear_resistance(a,b,h0,ft):               ❻
    λ = a/h0
    α = 1.75/(λ+1)
    βhs = (800/h0)**0.25
    Vu = βhs*α*ft*b*h0/1000
    return Vu

def main():
    '''    a,   b,   c,   h,   as1,ln,   N,   y,   fcuk,fy'''
    para = 2000,1600,2000,1200,50, 2200,1032,1.5,30,   360    ❼
    a,b,c,h,as1,ln,N,y,fcuk,fy = para
    h0 = h-as1
    fc = fc1(fcuk)
    ft = ft1(fcuk)
    α1 = α11(fcuk)
```

```
    Mx, V = moment(N,y)

    As, Asmin = Bending_resistance(ln,b,c,h,as1,Mx,α1,fc,ft,fy)
    print(f'承台纵向需要受拉钢筋面积    As = {As:<3.1f} mm^2')
    ρ = As/(b*h0)
    print(f'承台纵向需要受拉钢筋面积配筋率 ρ = {ρ*100:<3.2f} %')

    Vu = Shear_resistance(a,b,h0,ft)
    print(f'承台剪力设计值          V = {V:<3.1f} kN')
    print(f'承台受剪承载力设计值  Vu = {Vu:<3.1f} kN')
    if V < Vu:
        print('承台剪力设计值 V <承台受剪承载力设计值 Vu，满足规范要求！')

    dt = datetime.now()
    localtime = dt.strftime('%Y-%m-%d  %H:%M:%S')
    print('-'*m)
    print("本计算书生成时间 :", localtime)

    with open('桩基根数.docx','w',encoding = 'utf-8') as f:
        f.write(f'承台纵向需要受拉钢筋面积    As = {As:<3.1f} mm^2 \n')
        f.write(f'承台纵向需要受拉钢筋面积配筋率 ρ = {ρ*100:<3.2f} % \n')
        f.write(f'本计算书生成时间 : {localtime}')

if __name__ == "__main__":
    m = 66
    print('='*m)
    main()
    print('='*m)
```

5.5.3　输出结果

运行代码清单 5-5，可以得到输出结果 5-5。

输出结果

5-5

```
承台纵向需要受拉钢筋面积      As = 4698.0 mm^2
承台纵向需要受拉钢筋面积配筋率 ρ = 0.26 %
承台剪力设计值              V = 1032.0 kN
承台受剪承载力设计值        Vu = 1538.3 kN
承台剪力设计值 V < 承台受剪承载力设计值 Vu，满足规范要求！
```

5.6 等腰三桩承台

5.6.1 项目描述

根据《建筑桩基技术规范》（JGJ 94—2008）第 5.9.8 条，三桩承台设计见流程图 5-9。

底部角桩 $\xrightarrow{\text{《桩规》式(5.9.8-5)}}$ $\beta_{11} = \dfrac{0.56}{\lambda_{11} + 0.2}$ $\xrightarrow{\text{《桩规》式(5.9.8-4)}}$ $N_l \leqslant \beta_{11}(2c_1 + a_{11})\beta_{\mathrm{hp}}\tan\dfrac{\theta_1}{2}f_t h_0$

顶部角桩 $\xrightarrow{\text{《桩规》式(5.9.8-7)}}$ $\beta_{12} = \dfrac{0.56}{\lambda_{12} + 0.2}$ $\xrightarrow{\text{《桩规》式(5.9.8-6)}}$ $N_l \leqslant \beta_{12}(2c_2 + a_{12})\beta_{\mathrm{hp}}\tan\dfrac{\theta_2}{2}f_t h_0$

流程图 5-9　三桩三角形承台角桩冲切计算

根据《建筑桩基技术规范》（JGJ 94—2008）第 5.9.10 条，柱下独立桩基承台斜截面承载力计算见流程图 5-10。

$\alpha = \dfrac{1.75}{\lambda + 1}$

$\beta_{\mathrm{hs}} = \left(\dfrac{800}{h_0}\right)^{1/4}$

$\left.\right\}$ $\xrightarrow{\text{《桩规》式(5.9.10-1)}}$ $V \leqslant \beta_{\mathrm{hs}}\alpha f_t b_0 h_0$

流程图 5-10　承台斜截面受剪计算

承台弯矩计算参数见图 5-1。

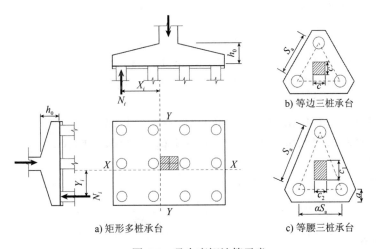

a) 矩形多桩承台　　　　b) 等边三桩承台　　　　c) 等腰三桩承台

图 5-1　承台弯矩计算示意

对于三桩三角形承台，受角桩冲切的承载力计算见图 5-2。

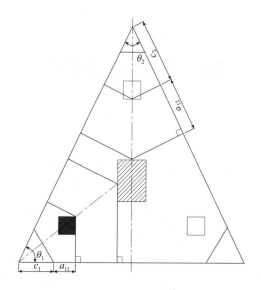

图 5-2　三桩三角形承台角桩冲切计算示意

5.6.2　项目代码

本计算程序可以计算等腰三桩承台。代码清单 5-6 中：❶为计算混凝土抗拉强度设计值；❷为计算冲切系数；❸为承台的受弯计算；❹为承台的受冲切计算；❺为承台的受剪计算；❻表示为以上函数赋初始值；❼为底部夹角；❽表示将底部和顶部夹角变成弧度。具体见代码清单 5-6。

代　码　清　单　　　　　　　　　　　　　　　　　　　　5-6

```
# -*- coding: utf-8 -*-
from math import tan,sqrt,radians
from datetime import datetime


def ft1(fcuk):                                    ❶
    δ = [0.21, 0.18, 0.16, 0.14, 0.13, 0.12, 0.12,
            0.11, 0.11, 0.1, 0.1, 0.1, 0.1, 0.1]
    i = int((fcuk-15)/5)
    α_c2 = min((1-(1-0.87)*(fcuk-40)/(80-40)),1.0)
    ftk = 0.88*0.395*fcuk**0.55*(1-1.645*δ[i])**0.45*α_c2
    ft = ftk/1.4
    return ft


def βhp1(h):                                      ❷
    if h<= 800:
        βhp = 1.0
```

```
        elif h >= 2000:
            βhp = 0.9
        else:
            βhp = 1-(h-800)/1200*0.1
        return  βhp


def Bend_resist(ρmin,b1,b2,c1,c2,B,C,N1,N2,N3,h0,as1,fy):        ❸
    sa = sqrt(C**2+(B/2)**2)
    α = B/sa
    if  α < 0.5:
        print("应按变截面的二桩承台设计")


    Nmax = max(N1,N2,N3)*1000
    M1 = Nmax*(sa-0.75*c1/sqrt(4-α**2))/3
    M2 = Nmax*(α*sa-0.75*c2/sqrt(4-α**2))/3
    As1 = M2/(0.9*fy*h0)
    As1 = max(As1, ρmin*b1*h0)
    As2 = M1/(0.9*fy*h0)
    As2 = max(As2, ρmin*b2*h0)
    return M1, M2, As1, As2


def N_resistance(c1,c2,a11,a12,h0,βhp,ft,θ1,θ2):        ❹
    λ12 = max(min(a12/h0,1.0), 0.2)
    β12 = 0.56/(λ12+0.2)
    Nu1 = β12*(2*c2+a12)*βhp*tan(θ2/2)*ft*h0
    λ11 = max(min(a11/h0,1.0), 0.2)
    β11 = 0.56/(λ11+0.2)
    Nu23 = β11*(2*c1+a11)*βhp*tan(θ1/2)*ft*h0
    return Nu1, Nu23


def Shear_resistance(a0x,a0y,b0x,b0y,h0,ft):        ❺
    βhs = (800/h0)**0.25
    λx = min(max(a0x/h0, 0.25), 3)
    αx = 1.75/(λx+1)
    Vux = βhs*αx*ft*b0x*h0
    λy = min(max(a0y/h0, 0.25), 3)
    αy = 1.75/(λy+1)
    Vuy = βhs*αy*ft*b0y*h0
    return Vux, Vuy
```

```
def main():
    '''                          B,     h,     as1, fcuk,  fy '''
    B, h, as1, fcuk, fy = 3000, 1200, 50,   30,    360          ❻
    θ1 = 55                                       ❼
    θ1, θ2 = [radians(i) for i in [θ1, 180-2*θ1]]               ❽
    C = B/2*tan(θ1)
    N1, N2, N3 = 1060, 930, 1060

    bx, by = 500, 600
    a11, a12 = 1150, 1260
    c1, c2  = B-bx-2*a11, 500
    b1, b2 = 1177, 1177
    b0x, b0y = 3109, 1663
    a0x, a0y = 1500, 1500
    ρmin = 0.0015

    h0 = h-as1
    ft = ft1(fcuk)
    βhp = βhp1(h)

    results = Bend_resist(ρmin,b1,b2,c1,c2,B,C,N1,N2,N3,h0,as1,fy)
    M1, M2, As1, As2 = results
    print(f'承台形心到两腰边缘    M1 = {M1/10**6:<3.1f} kN·m')
    print(f'承台形心到底边边缘    M2 = {M2/10**6:<3.1f} kN·m')
    print(f'垂直承台形心到两腰边缘 As1 = {As1:<3.1f} mm^2')
    print(f'垂直承台形心到底边边缘 As2 = {As1:<3.1f} mm^2')

    Nu1, Nu23 = N_resistance(c1,c2,a11,a12,h0,βhp,ft,θ1,θ2)
    print(f'顶部角桩受冲切承载力   Nu1 = {Nu1/1000:<3.1f} kN')
    print(f'底部角桩受冲切承载力  Nu23 = {Nu23/1000:<3.1f} kN')

    Vux, Vuy = Shear_resistance(a0x,a0y,b0x,b0y,h0,ft)
    print(f'顶部角桩受冲切承载力   Vux = {Vux/1000:<3.1f} kN')
    print(f'底部角桩受冲切承载力   Vuy = {Vuy/1000:<3.1f} kN')

    dt = datetime.now()
    localtime = dt.strftime('%Y-%m-%d  %H:%M:%S')
    print('-'*m)
    print("本计算书生成时间 :", localtime)
```

```
with open('等腰三桩承台.docx','w',encoding = 'utf-8') as f:
    f.write(f'承台形心到两腰边缘      M1 = {M1/10**6:<3.1f} kN·m \n')
    f.write(f'承台形心到底边边缘      M2 = {M2/10**6:<3.1f} kN·m \n')
    f.write(f'垂直承台形心到两腰边缘 As1 = {As1:<3.1f} mm^2 \n')
    f.write(f'垂直承台形心到底边边缘 As2 = {As1:<3.1f} mm^2 \n')
    f.write(f'顶部角桩受冲切承载力    Nu1 = {Nu1/1000:<3.1f} kN \n')
    f.write(f'底部角桩受冲切承载力   Nu23 = {Nu23/1000:<3.1f} kN \n')
    f.write(f'顶部角桩受冲切承载力    Vux = {Vux/1000:<3.1f} kN \n')
    f.write(f'底部角桩受冲切承载力    Vuy = {Vuy/1000:<3.1f} kN \n')
    f.write(f'本计算书生成时间 : {localtime}')


if __name__ == "__main__":
    m = 66
    print('='*m)
    main()
    print('='*m)
```

5.6.3　输出结果

运行代码清单 5-6，可以得到输出结果 5-6。

输 出 结 果　　　　　　　　　　　　　　　　　　5-6

```
承台形心到两腰边缘      M1 = 891.7 kN·m
承台形心到底边边缘      M2 = 979.1 kN·m
垂直承台形心到两腰边缘 As1 = 2627.8 mm^2
垂直承台形心到底边边缘 As2 = 2627.8 mm^2
顶部角桩受冲切承载力    Nu1 = 1176.3 kN
底部角桩受冲切承载力   Nu23 = 599.8 kN
顶部角桩受冲切承载力    Vux = 3553.2 kN
底部角桩受冲切承载力    Vuy = 1900.6 kN
```

5.7　等边三桩承台

5.7.1　项目描述

项目描述同 5.6.1 节，不再赘述。

5.7.2　项目代码

本计算程序可以计算等边三桩承台。代码清单 5-7 中：❶为计算混凝土抗拉强度设计值；❷为计算冲切系数；❸为承台的受弯计算；❹为承台的受冲切计算；❺为承台的受剪计算；❻是为以上函数赋初始值；❼是将底部和顶部夹角变成弧度。具体见代码清单 5-7。

代 码 清 单　　　　　　　　　　　　　　　　　　5-7

```python
# -*- coding: utf-8 -*-
from math import tan,sqrt,radians
from datetime import datetime


def ft1(fcuk):                                    ❶
    δ = [0.21, 0.18, 0.16, 0.14, 0.13, 0.12, 0.12,
            0.11, 0.11, 0.1, 0.1, 0.1, 0.1, 0.1]
    i = int((fcuk-15)/5)
    α_c2 = min((1-(1-0.87)*(fcuk-40)/(80-40)),1.0)
    ftk = 0.88*0.395*fcuk**0.55*(1-1.645*δ[i])**0.45*α_c2
    ft = ftk/1.4
    return ft


def βhp1(h):                                      ❷
    if h<= 800:
        βhp = 1.0
    elif h >= 2000:
        βhp = 0.9
    else:
        βhp = 1-(h-800)/1200*0.1
    return  βhp


def Bend_resist(ρmin,b1,b2,c1,c2,B,C,N1,N2,N3,h0,as1,fy):   ❸
    sa = sqrt(C**2+(B/2)**2)
    α = B/sa
    if  α < 0.5:
        print("应按变截面的二桩承台设计")

    Nmax = max(N1,N2,N3)*1000
    M = Nmax*(sa-sqrt(3)*c1/4)/3
    As = M/(0.9*fy*h0)
    As = max(As, ρmin*b1*h0)
```

```
      return M, As

def N_resistance(c1,c2,a11,a12,h0,βhp,ft,θ1,θ2):          ❹
    λ12 = max(min(a12/h0,1.0), 0.2)
    β12 = 0.56/(λ12+0.2)
    Nu1 = β12*(2*c2+a12)*βhp*tan(θ2/2)*ft*h0
    λ11 = max(min(a11/h0,1.0), 0.2)
    β11 = 0.56/(λ11+0.2)
    Nu23 = β11*(2*c1+a11)*βhp*tan(θ1/2)*ft*h0
    return Nu1, Nu23

def Shear_resistance(a0x,a0y,b0x,b0y,h0,ft):              ❺
    βhs = (800/h0)**0.25
    λx = min(max(a0x/h0, 0.25), 3)
    αx = 1.75/(λx+1)
    Vux = βhs*αx*ft*b0x*h0
    λy = min(max(a0y/h0, 0.25), 3)
    αy = 1.75/(λy+1)
    Vuy = βhs*αy*ft*b0y*h0
    return Vux, Vuy

def main():
    '''                    B,    C,    h,    as1,  fcuk, fy '''
    B, C, h, as1, fcuk, fy =  3000, 1600, 1200, 50,   30,   360     ❻

    b1, b2, c1, c2  = 1177, 1177, 500, 500
    '''                              θ1, θ2 '''
    θ1, θ2 = [radians(i) for i in [60, 60]]                  ❼
    N1, N2, N3 = 1004, 937, 1058

    a11, a12 = 1150, 1260
    b0x, b0y = 3109, 1663
    a0x, a0y = 1500, 1500
    ρmin = 0.0015
    h0 = h-as1
    ft = ft1(fcuk)
    βhp = βhp1(h)

    results = Bend_resist(ρmin,b1,b2,c1,c2,B,C,N1,N2,N3,h0,as1,fy)
    M, As = results
```

```
    print(f'承台形心到两腰边缘      M = {M/10**6:<3.1f} kN·m')
    print(f'垂直承台形心到两腰边缘 As = {As:<3.1f} mm^2')


    Nu1, Nu23 = N_resistance(c1,c2,a11,a12,h0,βhp,ft,θ1,θ2)
    print(f'顶部角桩受冲切承载力    Nu1 = {Nu1/1000:<3.1f} kN')
    print(f'底部角桩受冲切承载力   Nu23 = {Nu23/1000:<3.1f} kN')


    Vux, Vuy = Shear_resistance(a0x,a0y,b0x,b0y,h0,ft)
    print(f'顶部角桩受冲切承载力    Vux = {Vux/1000:<3.1f} kN')
    print(f'底部角桩受冲切承载力    Vuy = {Vuy/1000:<3.1f} kN')


    dt = datetime.now()
    localtime = dt.strftime('%Y-%m-%d  %H:%M:%S')
    print('-'*m)
    print("本计算书生成时间 :", localtime)


    with open('等边三桩承台.docx','w',encoding = 'utf-8') as f:
        f.write(f'承台形心到两腰边缘      M = {M/10**6:<3.1f} kN·m \n')
        f.write(f'垂直承台形心到两腰边缘  As = {As:<3.1f} mm^2 \n')
        f.write(f'顶部角桩受冲切承载力    Nu1 = {Nu1/1000:<3.1f} kN \n')
        f.write(f'底部角桩受冲切承载力   Nu23 = {Nu23/1000:<3.1f} kN \n')
        f.write(f'顶部角桩受冲切承载力    Vux = {Vux/1000:<3.1f} kN \n')
        f.write(f'底部角桩受冲切承载力    Vuy = {Vuy/1000:<3.1f} kN \n')
        f.write(f'本计算书生成时间 : {localtime}')


if __name__ == "__main__":
    m = 66
    print('='*m)
    main()
    print('='*m)
```

5.7.3　输出结果

运行代码清单 5-7，可以得到输出结果 5-7。

输出结果　　　　　　　　　　　　　　　　　　　5-7

```
承台形心到两腰边缘       M = 697.1 kN·m
垂直承台形心到两腰边缘  As = 2030.3 mm^2
顶部角桩受冲切承载力    Nu1 = 969.9 kN
```

底部角桩受冲切承载力　Nu23 = 922.7 kN

顶部角桩受冲切承载力　Vux = 3553.2 kN

底部角桩受冲切承载力　Vuy = 1900.6 kN

5.8　多桩承台

5.8.1　项目描述

根据《建筑桩基技术规范》（JGJ 94—2008）第 5.9.8 条，四桩以上（含四桩）承台受角桩冲切的承载力计算见流程图 5-11，计算示意见图 5-3。

$$\beta_{1x} = \frac{0.56}{\lambda_{1x} + 0.2}$$

$$\beta_{1y} = \frac{0.56}{\lambda_{1y} + 0.2}$$

《桩规》式(5.9.8-1)

$$N_l \leqslant \left[\beta_{1x}(c_2 + a_{1y}/2) + \beta_{1y}(c_1 + a_{1x}/2) \right] \beta_{hp} f_t h_0$$

流程图 5-11　四桩以上（含四桩）承台角桩冲切计算

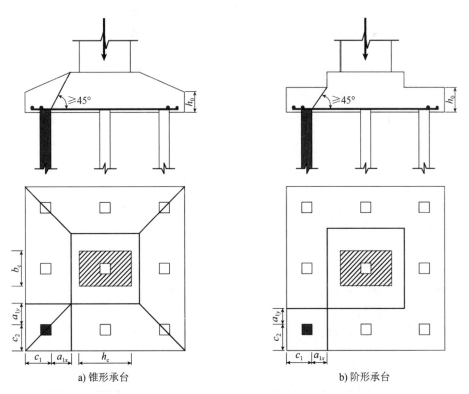

a) 锥形承台　　　　　　　　　　　　　　b) 阶形承台

图 5-3　四桩以上（含四桩）承台角桩冲切计算示意图

5.8.2 项目代码

本计算程序可以计算多桩承台。代码清单 5-8 中：❶为定义冲切系数函数；❷为确定桩布置及承台长边的尺寸；❸为确定桩的根数；❹为验算基桩竖向力特征值；❺为承台受剪计算；❻为承台受冲切计算；❼为承台的纵向受力配筋面积；❽表示单位为 kN、m 制参数值，其中 A 为承台的长度，B 为承台的宽度，d 为桩径，γ_G 为承台及其回填土的重度，R_a 为单桩承载力特征值，F_k 为承台顶面以上的竖向荷载标准值，Q 为（不计承台及其上土重）在荷载效应基本组合下冲切破坏锥体内各基桩的反力和，M_y 为弯矩标准值；❾表示单位为 kN、mm 制，h 为承台厚度，a_{s1} 为保护层厚度，f_t 为混凝土抗拉强度设计值，f_y 为纵向钢筋抗拉强度设计值；❿为柱子截面尺寸，下一行代码为参与冲切的桩数。具体见代码清单 5-8。

代码清单	5-8

```python
# -*- coding: utf-8 -*-
from math import ceil
from datetime import datetime


def βhp1(h):                              ❶
    if h<= 800:
        βhp = 1.0
    elif h >= 2000:
        βhp = 0.9
    else:
        βhp = 1-(h-800)/1200*0.1
    return  βhp


def platform_size(A,d):                   ❷
    sd = 3*d
    sb = d
    A = max(2*sd+2*sb, A)
    return A


def numb(A,B,d,γG,Fk,Ra):                 ❸
    Gk = (A*B*d) *γG
    n = ceil((Fk+Gk)/Ra)
    return n, Gk
```

```
def Nk_Nkmax(Fk,Gk,Ra,Myk,n,d):                       ❹
    Nk = (Fk+Gk)/n
    Nkmax = (Fk+Gk)/n+(Myk*3*d/(6*(3*d)**2))
    return Nk, Nkmax

def cushion_cap_height(Nk,Nkmax,A,B,hc,h,d,as1,ft,num_cush):    ❺
    h0 = h-as1
    a0x = (A-hc)/2-(d+0.15)
    λx = a0x/h0
    α = 1.75/(λx+1)

    h0 = max(h0, 800)
    βhs = (800/h0)**0.25
    Vu = βhs*α*ft*B*h0
    V = num_cush*Nk*1.35
    return V, Vu

def punching(A,B,d,hc,bc,h,as1,ft,F,Q,βhp):          ❻
    h0 = h-as1
    a0x = (A-hc)/2-(d+d/2)
    λx = min(max(a0x/h0, 0.25), 1.0)
    β0x = 0.84/(λx+0.2)

    a0y = (B-bc)/2-(d+d/2)
    λy = min(max(a0y/h0, 0.25), 1.0)
    β0y = 0.84/(λy+0.2)

    FLu = 2*(β0x*(bc+a0y)+β0y*(hc+a0x))*ft*h0*βhp
    FL = 1.35*(F-Q)
    return  FL, Flu

def reinforcement(Nk,Nkmax,fy,B,h,as1,d):            ❼
    xi = 3.5*d
    h0 = h-as1
    M = 3*Nkmax*xi
    As = max(M*10**6/(0.9*fy*h0), 0.15*B*h/100)
    return As

def main():
    ''' 以下各单位为 kN、m 制 '''
```

```
'''                          A,   B,   d,   γG,  Ra,  Fk,   Q,   My '''      ❽
A,B,d,γG,Ra,Fk,Q,My = 2.8, 2.8, 0.5, 20, 350, 2300, 278, 530
''' 以下各单位为 N、mm 制 '''
'''                 h,  as1,  ft,   fy'''
h, as1, ft, fy = 900, 40,   1.43, 360                                       ❾
hc,bc = 0.5, 0.6                              ❿
num_cush = 3

A = platform_size(A,d)
n, Gk = numb(A,B,d,γG,Fk,Ra)
Nk, Nkmax = Nk_Nkmax(Fk,Gk,Ra,My,n,d)
βhp = βhp1(h)
V, Vu = cushion_cap_height(Nk,Nkmax,A,B,hc,h,d,as1,ft,num_cush)
FL, FLu = punching(A,B,d,hc,bc,h,as1,ft,Fk,Q,βhp)
As = reinforcement(Nk, Nkmax,fy,B,h,as1,d)

print(f'轴心荷载下桩基根数       n = {n:<2.0f}根')
print(f'调整后的承台长边尺寸     A = {A:<2.1f}m')
print(f'承台的自重              Gk = {Gk:<2.1f} kN')

print(f'单桩荷载效应            Nk = {Nk:<2.1f} kN')
print(f'单桩荷载效应最大值    Nkmax = {Nkmax:<2.1f} kN')
print(f'承台配筋面积            As = {As:<2.1f} mm^2')

print(f'冲切系数              βhp = {βhp:<2.3f} ')
print(f'冲切承载力设计值       FLu = {FLu:<2.1f} kN')
print(f'冲切荷载效应设计值      FL = {FL:<2.1f} kN')
print(f'剪切承载力设计值       Vu = {Vu:<2.1f} kN')
print(f'剪切荷载效应设计值       V = {V:<2.1f} kN')

print('受剪承载力验算：')
if V <= Vu:
    print(f'V={V:<3.1f} kN <= Vu={Vu:<3.1f} kN, 满足《桩规》。')
else:
    print(f'V = {V:<3.1f} kN <= Vu = {Vu:<3.1f} kN, 不满足《桩规》。')

print('受冲切承载力验算：')
if FL <= FLu:
    print(f'FL = {FL:<3.1f} kN <= FLu = {FLu:<3.1f} kN, 满足《桩规》。')
else:
```

```
        print(f'FL = {FL:<3.1f} kN <= FLu = {FLu:<3.1f} kN, 不满足《桩规》。')

    print('单桩竖向承载力验算：')
    if Nk <= Ra:
        print(f'Nk = {Nk:<3.1f} kN <= Ra = {Ra:<3.1f} kN, 满足《桩规》。')
    else:
        print(f'Nk = {Nk:<3.1f} kN > Ra = {Ra:<3.1f} kN, 不满足《桩规》。')
    if Nkmax <= 1.2*Ra:
        print(f'Nkmax={Nkmax:<3.1f}kN<=1.2Ra={1.2*Ra:<3.1f}kN,满足《桩规》。')
    else:
        print(f'Nkmax={Nkmax:<3.1f}kN>1.2Ra={1.2*Ra:<3.1f}kN,不满足《桩规》。')


    dt = datetime.now()
    localtime = dt.strftime('%Y-%m-%d  %H:%M:%S')
    print('-'*m)
    print("本计算书生成时间 :", localtime)


    with open('四桩承台计算.docx','w',encoding = 'utf-8') as f:
        f.write(f'轴心桩基根数              n = {n:<2.0f}根 \n')
        f.write(f'调整后的承台长边尺寸      A = {A:<2.1f}m \n')
        f.write(f'承台的自重                Gk = {Gk:<2.1f} kN \n')

        f.write(f'单桩荷载效应              Nk = {Nk:<2.1f} kN \n')
        f.write(f'单桩荷载效应最大值     Nkmax = {Nkmax:<2.1f} kN \n')
        f.write(f'承台配筋面积              As = {As:<2.1f} mm^2 \n')

        f.write(f'冲切系数                 βhp = {βhp:<2.3f}  \n')
        f.write(f'冲切承载力设计值         FLu = {FLu:<2.1f} kN \n')
        f.write(f'冲切荷载效应设计值        FL = {FL:<2.1f} kN \n')
        f.write(f'剪切承载力设计值         Vu = {Vu:<2.1f} kN \n')
        f.write(f'剪切荷载效应设计值        V = {V:<2.1f} kN \n')
        f.write(f'本计算书生成时间 : {localtime}')


if __name__ == "__main__":
    m = 66
    print('='*m)
    main()
    print('='*m)
```

5.8.3　输出结果

运行代码清单 5-8，可以得到输出结果 5-8。

输 出 结 果	5-8

轴心荷载下桩基根数　　　n = 7 根

调整后的承台长边尺寸　　A = 4.0m

承台的自重　　　　　　　Gk = 112.0 kN

单桩荷载效应　　　　　　Nk = 344.6 kN

单桩荷载效应最大值　Nkmax = 403.5 kN

承台配筋面积　　　　　　As = 7601.8 mm^2

冲切系数　　　　　　　　βhp = 0.992

冲切承载力设计值　　　FLu = 11154.8 kN

冲切荷载效应设计值　　 FL = 2729.7 kN

剪切承载力设计值　　　 Vu = 5910.5 kN

剪切荷载效应设计值　　　V = 1395.5 kN

受剪承载力验算：

V=1395.5 kN <= Vu=5910.5 kN，满足《桩规》。

受冲切承载力验算：

FL = 2729.7 kN <= FLu = 11154.8 kN，满足《桩规》。

单桩竖向承载力验算：

Nk = 344.6 kN <= Ra = 350.0 kN，满足《桩规》。

Nkmax = 403.5 kN <= 1.2Ra = 420.0 kN，满足《桩规》。

5.9　桩基水平承载力与位移计算

5.9.1　项目描述

根据《建筑桩基技术规范》（JGJ 94—2008）第 5.1.1 条、第 5.7.1 条，群桩中单桩桩顶水平力计算见流程图 5-12。

$$\boxed{\text{水平力作用}} \xleftarrow{\text{《桩规》式(5.1.1-3)}} \boxed{H_{ik}=\dfrac{H_k}{n}} \xrightarrow{\text{《桩规》式(5.7.1)}} \boxed{H_{ik}\leq R_h}$$

流程图 5-12　群桩中单桩桩顶水平力计算

根据《建筑桩基技术规范》（JGJ 94—2008）第 5.7.2 条、第 5.7.3 条，水平位移控制下的水平承载力计算见流程图 5-13。

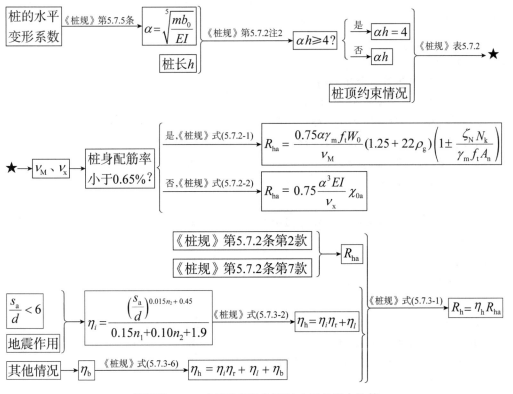

流程图 5-13　水平位移控制下的水平承载力计算

根据《建筑桩基技术规范》（JGJ 94—2008）第 5.7.5 条，桩的水平变形系数为：

$$m = \frac{\left(\dfrac{H_{cr}}{X_{cr}} v_x\right)^{\frac{5}{3}}}{b_0(EI)^{\frac{2}{3}}} \tag{5-3}$$

5.9.2　项目代码

本计算程序可以计算桩基水平承载力与位移。代码清单 5-9 中：❶为定义参数；❷为水平承载力的试验值；❸为水平力相应的位移值；❹为计算参数；❺为定义两个空列表；❻为两个空列表输入计算数据；❼为输出结果 5-9 图示的代码段的开始行。具体见代码清单 5-9。

代码清单　　　　　　　　　　　　　　　　5-9

```
# -*- coding: utf-8 -*-
from math import sin,cos,tan,pi,sqrt,ceil
import matplotlib.pyplot as plt
from datetime import datetime
from pylab import mpl
mpl.rcParams['axes.unicode_minus']=False
```

```
import mpl_toolkits.axisartist as axisartist

def main():
    ''' 计算式中各单位为 N、m 制 '''
    '''     M,          n,    as1, fy, Es,          ε_cu,    fcuk'''
    para = 360*10**6, 2.2, 35,   360, 2.0*10**5, 0.0033,  40            ❶
    M, n, as1, fy, Es, ε_cu, fcuk= para
    H0 = [0.1, 10, 25, 35]                  ❷
    x = [0.01, 2.25, 9, 18]                 ❸

    Ax, b,  Ec = 2.4466, 450, 3*10**4       ❹
    b1 = 2*b
    E = 0.67*Ec
    I = (b/1000)**4/12

    α, m = [], []                           ❺
    for i in range(len(H0)):                ❻
        α1 = ((Ax*H0[i])/(E*I*x[i]))**(1/3)
        α.append(α1)
        m1 = (α1)**5*(E*I*1000)/(b1/1000)
        m.append(m1)

        print(f'  H0{i} = {H0[i]:<3.1f} kN',end = '\t')
        print(f'  x{i} = {x[i]:<3.2f} mm',end = '\t')
        print(f'  α{i} = {α[i]:<3.3f}',end = '\t')
        print(f'  m{i} = {m[i]:<3.2f} ')

    fig = plt.figure(0, figsize=(7,6), facecolor = "#f1f1f1")          ❼
    fig.subplots_adjust(left=0.1, hspace=0.9)
    plt.rcParams['font.sans-serif'] = ['STsong']

    ax = fig.add_subplot(axisartist.Subplot(fig, 211))
    plt.plot(H0,m, color='g',lw=2,linestyle='-')
    ax.set_ylabel("竖向附加应力 σ (kPa)",size = 8)
    ax.set_xlabel("$H0$ (m)",size = 8,)
    plt.grid()

    ax = fig.add_subplot(axisartist.Subplot(fig, 212))
    plt.plot(H0,α, color='r',lw=2,linestyle='--')
    ax.set_ylabel("$M$  (kN·m)",size = 8)
```

```
    ax.set_xlabel("$H0$ (m)",size = 8,)

    plt.grid()
    plt.show()
    graph = '预制混凝土桩基水平位移'
    fig.savefig(graph, dpi=300, facecolor="#f1f1f1")

    dt = datetime.now()
    localtime = dt.strftime('%Y-%m-%d  %H:%M:%S ')
    print('-'*k)
    print("本计算书生成时间 :", localtime)


if __name__ == "__main__":
    k = 50
    print('='*k)
    main()
    print('='*k)
```

5.9.3 输出结果

运行代码清单 5-9，可以得到输出结果 5-9。

输 出 结 果   5-9

H00 = 0.1 kN	x0 = 0.01 mm	α0 = 0.709	m0 = 13660.06
H01 = 10.0 kN	x1 = 2.25 mm	α1 = 0.541	m1 = 3535.75
H02 = 25.0 kN	x2 = 9.00 mm	α2 = 0.463	m2 = 1615.41
H03 = 35.0 kN	x3 = 18.00 mm	α3 = 0.411	m3 = 891.48

5.10　桩基沉降计算

5.10.1　项目描述

根据《建筑桩基技术规范》（JGJ 94—2008）第 5.5.7 条、第 5.5.9 条，矩形桩基中心点的最终沉降量计算见流程图 5-14。

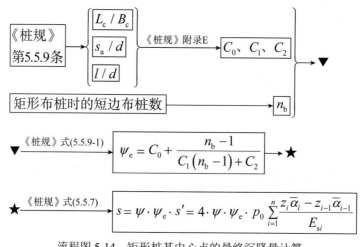

流程图 5-14　矩形桩基中心点的最终沉降量计算

5.10.2　项目代码

本计算程序可以计算矩形桩基中心点的最终沉降量。代码清单 5-10 中：❶为计算平均附加应力系数；❷为计算附加应力；❸表示为函数参数赋初始值；❹为各层土的压缩模量值；❺为各层土底面的深度值。具体见代码清单 5-10。

代码清单

5-10

```
# -*- coding: utf-8 -*-
import numpy as np
from math import pi, sqrt, atan,tan,radians
from datetime import datetime
from scipy import integrate


def α_avg0(l,b,z):                           ❶
    l = l/2
    b = b/2
```

```
    def f(z):
        return atan(l*b/(z*sqrt(b**2+l**2+z**2)))
    def g(z):
        return z/(sqrt(b**2+l**2+z**2))*(1/(l**2+z**2)+1/(b**2+z**2))
    da = integrate.quad(f,0,z)
    db = integrate.quad(g,0,z)
    α_avg = (da[0]/(2*pi*z) + db[0]*l*b/(2*pi*z)) * 4
    return α_avg

def p(Fk,γ,l,d,a,b,a0,b0,φ):                      ❷
    pc0 = γ*d
    p0 = (Fk+20*l*b*d-pc0*a*b)/((b0+2*l*tan(φ/4))*(a0+2*l*tan(φ/4)))
    return p0

def main():
    '''                   Fk,   γ,   ψs,   l,   b,   d '''
    Fk, γ, ψs, l, b, d = 1800, 18,  0.5,  8,  3.2,  2.5            ❸
    Esi = np.array([5.6, 2.3, 6.2, 6.2])      ❹
    z = np.array([0.0, 2.4, 5.6, 7.4, 8.0]) ❺

    a,a0,b0,φ = 8, 7.6, 7.6, radians(23)
    p0 = p(Fk,γ,l,d,a,b,a0,b0,φ)

    α_avg = [α_avg0(l,b,zz) for v,zz in enumerate(z) if v > 0]
    α_avg.insert(0, 1.0)
    α = np.array(α_avg)

    zα= np.array(z)*α
    α = [zα[k]-zα[k-1] for k,y in enumerate(zα) if k > 0]

    Ai = np.array(α)
    Ei = sum(Ai)/sum(Ai/Esi)
    s = ψs*p0/sum(Ai/Esi)

    print(f'沉降系数积分值    sum(Ai) = {sum(Ai):<5.3f} ')
    print(f'压缩模量当量值         Ei = {Ei:<5.3f} MPa')
    print(f'桩基础中点最终沉降值    s = {s:<5.1f} mm')
```

```
    dt = datetime.now()
    localtime = dt.strftime('%Y-%m-%d  %H:%M:%S ')
    print('-'*m)
    print("本计算书生成时间 :", localtime)

    filename = '桩基础中心点的沉降值.docx'
    with open(filename,'w',encoding = 'utf-8') as f:
        f.write('计算结果: \n')
        f.write(f'压缩模量当量值       Ei = {Ei:<5.3f} MPa \n')
        f.write(f'桩基础中点最终沉降值    s = {s:<5.1f} mm \n')
        f.write(f'本计算书生成时间 : {localtime}')

if __name__ == "__main__":
    m = 50
    print('='*m)
    main()
    print('='*m)
```

5.10.3 输出结果

运行代码清单 5-10，可以得到输出结果 5-10。

输 出 结 果 　　　　　　　　　　　　　　　　　　　　　　　　　　5-10

```
沉降系数积分值    sum(Ai) = 3.921
压缩模量当量值        Ei = 3.779 MPa
桩基础中点最终沉降值   s = 11.0  mm
```

5.11　减沉复合疏桩基础

5.11.1　项目描述

根据《建筑桩基技术规范》（JGJ 94—2008）第 5.6.1 条、第 5.6.2 条和第 5.5.10 条，减沉复合疏桩基础的布桩见流程图 5-15，沉降计算见流程图 5-16。

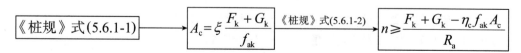

$$《桩规》式(5.6.1-1) \longrightarrow A_c = \xi \frac{F_k + G_k}{f_{ak}} \quad 《桩规》式(5.6.1-2) \longrightarrow n \geqslant \frac{F_k + G_k - \eta_c f_{ak} A_c}{R_a}$$

流程图 5-15　减沉复合疏桩基础的布桩

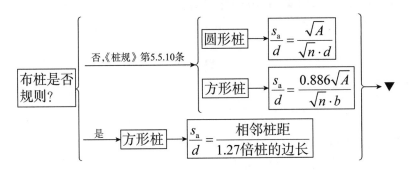

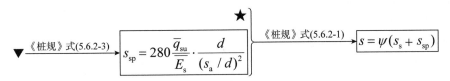

流程图 5-16　减沉复合疏桩基础的沉降计算

5.11.2　项目代码

本计算程序可以计算减沉复合疏桩基础的沉降量。代码清单 5-11 中：❶为计算平均附加应力系数；❷为计算附加应力；❸为计算参数A_c、A、n；❹为计算参数s、s_{sp}；❺为定义基础的长宽比；❻表示为各函数参数赋初始值；❼为各层土的压缩模量值；❽为各层土的桩侧摩阻力值；❾为各层土底面的深度值；❿表示将各层土层底深度值转换为土层厚度。具体见代码清单 5-11。

代码清单　　　　　　　　　　　　　　　　　　　　5-11

```
# -*- coding: utf-8 -*-
import numpy as np
from math import pi, sqrt, atan,ceil
from datetime import datetime
from scipy import integrate


def α_avg0(l,b,z):                              ❶
    l = l/2
    b = b/2
    def f(z):
        return atan(l*b/(z*sqrt(b**2+l**2+z**2)))
    def g(z):
        return z/(sqrt(b**2+l**2+z**2))*(1/(l**2+z**2)+1/(b**2+z**2))
```

```
        da = integrate.quad(f,0,z)
        db = integrate.quad(g,0,z)
        α_avg = (da[0]/(2*pi*z) + db[0]*l*b/(2*pi*z)) * 4
        return α_avg

    def p(ηp,F,n,Ra,Ac):                        ❷
        p0 = ηp*(F-n*Ra)/Ac
        return p0

    def Ac1(Fk,Gk,fak,ξ,ηc,d,Ra):               ❸
        Ac = ξ*(Fk+Gk)/fak
        n = ceil((Fk+Gk-ηc*fak*Ac)/Ra)
        d = d/1000
        A = Ac+n*pi*d**2/4
        return Ac, A, n

    def s1(ψ,qsu1,Es1,A,d,n,ss):                ❹
        Es1 = Es1*1000
        d = d/1000
        sa_d = sqrt(A)*sqrt(n)*d
        ssp = 280*(qsu1/Es1)*(d/sa_d**2)
        s = ψ*(ss+ssp)
        return s, ssp

    def main():
        ratio = 1.5                             ❺
        ηp, Ra, ψ, d = 1.30, 330, 1.0, 300      ❻
        F, Fk, Gk, fak, ξ, ηc = 58750, 66000, 3200, 116, 0.85, 1.0

        Esi = np.array([5.6, 3.3, 6.2, 3.2])    ❼
        qsk = np.array([68.6, 30.6, 39.3, 36])  ❽
        z = np.array([0.0, 2.4, 5.6, 7.4, 8.0]) ❾
        h = np.array([z[v+1]-z[v] for v,zz in enumerate(z) if v<len(z)-1])  ❿

        Ac, A, n = Ac1 (Fk,Gk,fak,ξ,ηc,d,Ra)
        b =ceil(sqrt(A/ratio))
        l = ratio*b
        A = b*l

        Es1 = sum(Esi*h)/sum(h)
```

```
qsu1 = sum(qsk*h)/sum(h)
α_avg = [α_avg0(l,b,zz) for v,zz in enumerate(z) if v > 0]
α_avg.insert(0, 1.0)
α = np.array(α_avg)


zα= np.array(z)*α
α = [zα[k]-zα[k-1] for k,y in enumerate(zα) if k > 0]


Ai = np.array(α)
Ei = sum(Ai)/sum(Ai/Esi)
p0 = p(ηp,F,n,Ra,Ac)
ss = 4*p0/sum(Ai/Esi)/1000
s, ssp = s1 (ψ,qsu1,Es1,A,d,n,ss)


print(f'压缩模量当量值                 Ei = {Ei:<3.2f} MPa')
print(f'平均压缩模量               Es1 = {Es1:<3.2f} MPa')
print(f'平均桩侧极限摩阻力        qsu1 = {qsu1:<3.2f} kPa')
print(f'基桩根数                      n = {n:<2d} 根')
print(f'桩基承台总净面积            Ac = {Ac:<3.1f} m^2')
print(f'桩基承台总面积              A = {A:<3.1f} m^2')
print(f'附加压力产生的中点沉降值    ss = {ss:<3.2f} mm')
print(f'桩土相互作用产生的沉降值   ssp = {ssp:<3.2f} mm')
print(f'桩基中心点最终沉降值        s = {s:<3.2f} mm')


dt = datetime.now()
localtime = dt.strftime('%Y-%m-%d  %H:%M:%S ')
print('-'*m)
print("本计算书生成时间 :", localtime)


filename = '减沉复合疏桩中心点的沉降值.docx'
with open(filename,'w',encoding = 'utf-8') as f:
    f.write('计算结果: \n')
    f.write(f'压缩模量当量值                 Ei = {Ei:<3.2f} MPa\n')
    f.write(f'平均压缩模量               Es1 = {Es1:<3.2f} MPa\n')
    f.write(f'平均桩侧极限摩阻力        qsu1 = {qsu1:<3.2f} kPa\n')
    f.write(f'基桩根数                      n = {n:<2d} 根\n')
    f.write(f'桩基承台总净面积            Ac = {Ac:<3.1f} m^2\n')
    f.write(f'桩基承台总面积              A = {A:<3.1f} m^2\n')
    f.write(f'附加压力产生的中点沉降值    ss = {ss:<3.2f} mm\n')
    f.write(f'桩土相互作用产生的沉降值   ssp = {ssp:<3.2f} mm\n')
```

```
        f.write(f'桩基中心点最终沉降值          s = {s:<3.2f} mm\n')
        f.write(f'本计算书生成时间 : {localtime}')


if __name__ == "__main__":
    m = 50
    print('='*m)
    main()
    print('='*m)
```

5.11.3　输出结果

运行代码清单 5-11，可以得到输出结果 5-11。

输 出 结 果 5-11

压缩模量当量值	Ei = 4.27 MPa	
平均压缩模量	Es1 = 4.64 MPa	
平均桩侧极限摩阻力	qsu1 = 44.36 kPa	
基桩根数	n = 32 根	
桩基承台总净面积	Ac = 507.1 m^2	
桩基承台总面积	A = 541.5 m^2	
附加压力产生的中点沉降值	ss = 0.28 mm	
桩土相互作用产生的沉降值	ssp = 0.00 mm	
桩基中心点最终沉降值	s = 0.28 mm	

第6章

地基处理

6.1 验算换填垫层底面宽度

6.1.1 项目描述

根据《建筑地基处理技术规范》（JGJ 79—2012）（简称《地处规》），换填垫层主要条文关系见流程图 6-1。

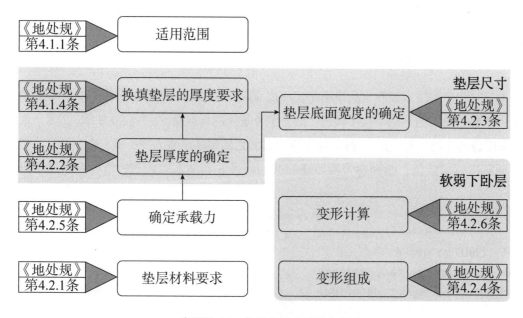

流程图 6-1 换填垫层主要条文关系

验算设定的换填垫层厚度是否满足《建筑地基处理技术规范》（JGJ 79—2012）第 4.1.4 条要求，确定地基承载力特征值采用《建筑地基基础设计规范》（GB 50007—2011）第 5.2.4

条和第 5.2.7 条。

$$p_z + p_{cz} \leqslant f_{az} \tag{6-1}$$

$$f_a = f_{ak} + \eta_b \gamma(b - 3) + \eta_d \gamma_m (d - 0.5) \tag{6-2}$$

《建筑地基处理技术规范》(JGJ 79—2012)第 4.2.2 条的 p_{cz} 与《建筑地基基础设计规范》(GB 50007—2011)第 5.2.7 条的 p_{cz} 的计算方式不同,此处的 p_{cz} 计算时,垫层厚度范围内土层的重度取垫层材料的重度。

《建筑地基处理技术规范》(JGJ 79—2012)第 4.2.2 条的 f_{az} 与《建筑地基基础设计规范》(GB 50007—2011)第 5.2.7 条的 f_{az} 的计算方式相同,取未处理时土层的重度进行计算。

根据《建筑地基处理技术规范》(JGJ 79—2012)第 4.1.4 条,z 指基础底面下垫层的厚度(m),取值范围为 0.5~3.0m。

土和砂石材料压力扩散角 θ 见表 6-1。

土和砂石材料压力扩散角θ 表 6-1

换填材料	中砂、粗砂、砾砂、圆砾、角砾、石屑、卵石、碎石、矿渣	粉质黏土、粉煤灰	灰土
0.25	20°	6°	28°
≥0.50	30°	23°	

注: 1. 当 $z/b < 0.25$ 时,除灰土取 $\theta = 28°$ 外,其余材料均取 $\theta = 0°$。必要时,宜由试验确定。

2. 当 $0.25 < z/b < 0.5$ 时,θ 值可内插求得。

3. 土工合成加筋垫层的压力扩散角宜由现场静载荷试验确定。

6.1.2　项目代码

本计算程序可以验算假定的换填垫层底面宽度是否满足规范要求。代码清单 6-1 中:❶表示以❺处输入的基础类型字典的"值"作为条件进行判断,1 为独立基础,2 为条形基础(采用❷的代码计算参数);❸为计算垫层底面处的地基承载力特征值;❹为计算换填垫层底面宽度所需数值;❻和❼为换填垫层的几何尺寸和地基参数初始值。具体见代码清单6-1。

代 码 清 单 6-1

```python
# -*- coding: utf-8 -*-
from math import  tan, radians
from datetime import datetime


def check_replac_cushion(b,l,d,z,θ,b1,γz,fak,γb,Fk,para):
    '''------验算换填垫层底面宽度------'''
    γm = γb
```

```
    γmz = (γb*d+γz*z)/(d+z)
    pc = γm*d
    θ = radians(θ)

    if para == 1:                               ❶
        A = l*b
        Gk = 20*A*d
        pk = (Fk+Gk)/A
        pz = (l*b*(pk-pc))/((b+2*z*tan(θ))*(l+2*z*tan(θ)))
    else:                                       ❷
        A = b
        Gk = 20*A*d
        pk = (Fk+Gk)/A
        pz = (b*(pk-pc))/(b+2*z*tan(θ))

    pcz = γmz*(d+z)
    pkz = pz+pcz
    ηd = 1.0
    faz = fak+ηd*γmz*(d+z-0.5)                   ❸
    bcheck = b+2*z*tan(θ)                        ❹
    return pc, pcz, pkz, b1, faz, bcheck

def main():
    print('\n',check_replac_cushion.__doc__)
    xz = input('输入基础类型（独立基础或条形基础）：')          ❺
    para = {'独立基础':1, '条形基础':2}[xz]

    '''              b,    l,    d,    z,    θ,   b1  '''       ❻
    b,l,d,z,θ,b1 = 5.0, 5.0, 3.0, 1.25, 20, 6.0
    '''              fak,  γz,   γb,   Fk  '''                  ❼
    fak,γz,γb,Fk = 180, 20.0, 18.0, 5600

    paras = check_replac_cushion(b,l,d,z,θ,b1,γz,fak,γb,Fk,para)
    pc, pcz,pkz,b1,faz,bcheck = paras

    print(f'基础底面处的自重应力        pc = {pc:<3.1f} kPa')
    print(f'换填垫层底面处土的自重应力   pcz = {pcz:<3.1f} kPa')
    print(f'换填垫层底面处土的自重应力   pkz = {pkz:<3.1f} kPa')
    print(f'换填垫层底面压力            faz = {faz:<3.1f} kPa')
    print(f'换填垫层底面宽度            b\' = {b1:<3.1f} m \n')
```

```
    if pkz < faz:
        print(f'pz+pcz={pkz:<3.1f}kPa <= faz={faz:<3.1f} kPa,满足要求！')
    else:
        print(f'pz+pcz={pkz:<3.1f}kPa > faz= faz:<3.1f} kPa,不满足要求！')
    if b1 > bcheck:
        print(f'b\'={b1:<3.1f} m >= b+2ztanθ = {bcheck:<3.1f}m,满足要求！')
    else:
        print(f'b\'={b1:<3.1f}m < b+2ztanθ ={bcheck:<3.1f}m,不满足要求！')

    dt = datetime.now()
    localtime = dt.strftime('%Y-%m-%d  %H:%M:%S ')
    print('-'*m)
    print("本计算书生成时间 :", localtime)

    filename = '验算换填垫层底面宽度.docx'
    with open(filename,'w',encoding = 'utf-8') as f:
        f.write(f'换填垫层底面压力        pkz = {pkz:<3.1f} kPa \n')
        f.write(f'换填垫层底面宽度        b\' = {b1:<3.1f} m \n')
        if pkz < faz:
         f.write(f'pz+pcz={pkz:<3.1f}kPa<=faz={faz:<3.1f}kPa,满足要求！\n')
        else:
         f.write(f'pz+pcz={pkz:<3.1f}kPa>faz={faz:<3.1f}kPa,不满足要求！\n')
        if b1 > bcheck:
         f.write(f'b\'={b1:<3.1f}m>=b+2ztanθ={bcheck:<3.1f}m,满足要求！\n')
        else:
         f.write(f'b\'={b1:<3.1f}m<b+2ztanθ={bcheck:<3.1f}m,不满足要求！\n')
        f.write(f'本计算书生成时间 : {localtime}')

if __name__ == "__main__":
    m = 50
    print('='*m)
    main()
    print('='*m)
```

6.1.3 输出结果

运行代码清单 6-1，可以得到输出结果 6-1。输出结果 6-1 中：❶为给定基础类型，直接输入独立基础或条形基础；❷为《建筑地基处理技术规范》（JGJ 79—2012）公式$p_z + p_{cz} \leq f_{az}$的判别；❸验算换填垫层底面宽度是否满足规范要求。

输出结果 6-1

------验算换填垫层底面宽度------
输入基础类型（独立基础或条形基础）：独立基础 ❶
基础底面处的自重应力 　　　pc = 54.0 kPa
换填垫层底面处土的自重应力 pcz = 79.0 kPa
换填垫层底面处土的自重应力 pkz = 243.6 kPa
换填垫层底面压力 　　　　　faz = 249.7 kPa
换填垫层底面宽度 　　　　　 b' = 6.0 m
pz+pcz = 243.6 kPa <= faz = 249.7 kPa，满足要求！ ❷
b'= 6.0 m >= b+2ztanθ = 5.9 m，满足要求！ ❸

6.2 直接确定换填垫层底面尺寸

6.2.1 项目描述

根据《建筑地基处理技术规范》（JGJ 79—2012）第 4.2.2 条，换填垫层底面尺寸的计算见流程图 6-2。

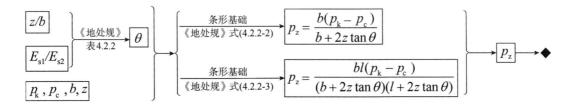

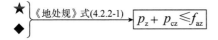

流程图 6-2　换填垫层底面尺寸的计算

6.2.2 项目代码

本计算程序可以直接确定换填垫层的底面尺寸。代码清单 6-2 中：❶为计算土的加权平均重度及自重应力的函数；❷为不同类型基础（独立基础与条形基础）对应的 p_k、p_z 值的函数，基础类型由 ❼ 给出；❸为调用 ❶ 处的函数；❹为调用 ❷ 处的函数；❺为工程化计算出的垫层底面宽度；❻表示根据❺处取得的基础宽度值调用❷处的函数算得各个参数；❽为给定的基本参数，其中n为垫层的长宽比；❾为土的各层重度值γ；❿为土的各层厚度值h。具体见代码清单6-2。

代码清单

6-2

```python
# -*- coding: utf-8 -*-
import sympy as sp
import numpy as np
from datetime import datetime
from math import tan, radians
import matplotlib.pyplot as plt


def Base_pressure_of_soil(γ,h):                    ❶
    '''本函数是计算土的加权平均重度及自重应力值'''
    γm = np.dot(γ,h)/sum(h)
    pc = np.dot(γ,h)
    d = sum(h)
    return pc, d, γm


def pz1(para,n,b,d,Fk,pc,z,θ):                     ❷
    '''独立基础与条形基础不同类型给出相应的 pk、pz 值'''
    if para == 1:
        l = n*b
        A = l*b
        Gk = 20*A*d
        pk = (Fk+Gk)/A
        pz = (l*b*(pk-pc))/((b+2*z*tan(θ))*(l+2*z*tan(θ)))
    else:
        A = b
        Gk = 20*A*d
        pk = (Fk+Gk)/A
        pz = (b*(pk-pc))/(b+2*z*tan(θ))
    return pk, pz


def determine_b(γG,γ,h,z,b,l,θ,Fk,fak):
    γm = np.dot(γ,h)/sum(h)
    pc, d, γm = Base_pressure_of_soil(γ,h)
    pcz = γm*(d+z)
    A = b*l
    Gk = γG*A*d
```

```python
    pk = (Fk+Gk)/A
    pz = b*l*(pk-pc)/((b+2*z*tan(θ))*(l+2*z*tan(θ)))
    faz = fak+γm*(d+z-0.5)
    return  pc, pk, pz, pcz, faz

def bottom_dimension_cushion(γ,h,z,n,θ,Fk,fak,number,para):
    '''---直接确定垫层底面尺寸---'''
    b = sp.symbols('b', real=True)
    f = sp.Function('f')

    pc, d, γm = Base_pressure_of_soil(γ,h)              ❸
    pk, pz = pz1(para,n,b,d,Fk,pc,z,θ)                  ❹
    pcz = γm*(d+z)
    faz = fak+γm*(d+z-0.5)
    f = faz-(pz+pcz)
    b = max(sp.solve(f, b))
    b = number*((b//number)+1)                          ❺

    pk, pz = pz1(para,n,b,d,Fk,pc,z,θ)                  ❻
    l = n*b
    pcz = γm*(d+z)
    faz = fak+γm*(d+z-0.5)
    return b, l, pc, pk, pz, pcz, faz

def main():
    print('\n',bottom_dimension_cushion.__doc__)
    xz = input('输入基础类型（独立基础或条形基础）: ')           ❼
    para = {'独立基础':1, '条形基础':2}[xz]
    "                        γG, z, n,  θ,          Fk, fak, number "
    γG,z,n,θ,Fk,fak,number = 20, 2, 1.2, radians(30), 666, 50,  0.1    ❽
    γ = np.array([17,16])                               ❾
    h = np.array([2,2.6])                               ❿

    pc, d, γm = Base_pressure_of_soil(γ,h)
    results = bottom_dimension_cushion(γ,h,z,n,θ,Fk,fak,number,para)
    b, l, pc, pk, pz, pcz, faz = results
    pkz = pz+pcz

    print('-'*many)
    print(f'直接确定垫层底面宽度                b = {b:<3.2f} m')
```

```python
    if para == 1:
        print(f'直接确定垫层底面长度          l = {l:<3.2f} m')
    print(f'垫层的厚度                    z = {z:<3.2f} m')
    print(f'基础底面处土的自重压力值        pc = {pc:<3.2f} kPa')
    print(f'基础底面处平均压力值           pk = {pk:<3.2f} kPa')
    print(f'垫层底面处的附加压力值         pz = {pz:<3.2f} kPa')
    print(f'垫层底面处的自重压力值         pcz = {pcz:<3.2f} kPa')
    print(f'pz+pcz 的压力值          pz+pcz = {(pz+pcz):<3.2f} kPa')
    print(f'垫层底面处的修正后的承载力特征值   faz = {faz:<3.2f} kPa')
    if pkz < faz :
        print(f'pz+pcz={pkz:<3.1f}kPa < faz={faz:<3.1f}kPa，满足要求！')

    fig, ax = plt.subplots(figsize=(5.7, 4.5))
    plt.rcParams['font.sans-serif'] = ['STsong']
    bmax = np.linspace(0.1,5,100)
    pc, pk, pz, pcz, faz
    pz = [determine_b(γG,γ,h,z,b,l,θ,Fk,fak)[2] for b in bmax]
    pcz = [determine_b(γG,γ,h,z,b,l,θ,Fk,fak)[3] for b in bmax]
    faz = [determine_b(γG,γ,h,z,b,l,θ,Fk,fak)[4] for b in bmax]

    plt.plot(bmax,pz, color='m', linewidth=1, linestyle=':',label='pz')
    plt.plot(bmax,pcz, color='g', linewidth=1, linestyle='--',label='pcz')
    pkz = list(np.add(pz, pcz))
    plt.plot(bmax,pkz, color='r', linewidth=2, linestyle='-',label='pz+pcz')
    plt.plot(bmax,faz, color='b', linewidth=2, linestyle='--',label='faz')
    plt.legend(loc = (0.75, 0.15))
    plt.xlabel("b (m)",fontsize=9)
    plt.ylabel("$p$  (kPa) ",fontsize=9)

    pc, pk, pz, pcz, faz = determine_b(γG,γ,h,z,b,l,θ,Fk,fak)
    ax.annotate(f'{b:<3.2f} m', xy=(b,faz), xycoords='data',
            xytext=(16,20), textcoords='offset points',
            arrowprops=dict(arrowstyle="->",
            connectionstyle="angle,angleA=10,angleB=85,rad=10"))

    graph = '直接确定独立基础垫层底面尺寸图解'
    plt.title(graph,fontsize=9)
    plt.grid()
    plt.show()
    fig.savefig(graph, dpi=600, facecolor="#f1f1f1")
```

```
dt = datetime.now()
localtime = dt.strftime('%Y-%m-%d  %H:%M:%S')
print('-'*many)
print("本计算书生成时间 :", localtime)


filename = '直接确定垫层底面尺寸.docx'
with open(filename,'w',encoding = 'utf-8') as f:
    f.write('\n'+ bottom_dimension_cushion.__doc__+'\n')
    f.write(f'直接确定垫层底面宽度               b = {b:<3.2f} m \n')
    if para == 1:
        f.write(f'直接确定垫层底面长度               l = {l:<3.2f} m \n')
    f.write(f'垫层的厚度                        z = {z:<3.2f} m \n')
    f.write(f'基础底面处土的自重压力值            pc = {pc:<3.2f} kPa \n')
    f.write(f'基础底面处平均压力值               pk = {pk:<3.2f} kPa \n')
    f.write(f'垫层底面处的附加压力值             pz = {pz:<3.2f} kPa \n')
    f.write(f'垫层底面处的自重压力值            pcz = {pcz:<3.2f} kPa \n')
    f.write(f'pz+pcz 的压力值              pz+pcz ={(pz+pcz):<3.2f}kPa \n')
    f.write(f'垫层底面处的修正后的承载力特征值 faz = {faz:<3.2f} kPa \n')
    f.write(f'本计算书生成时间 : {localtime}')


if __name__ == "__main__":
    many = 66
    print('='*many)
    main()
    print('='*many)
```

6.2.3 输出结果

运行代码清单 6-2，可以得到输出结果 6-2。输出结果 6-2 中：❶为选择输入基础类型；❷为直接输出垫层底面宽度；❸为是否满足《地处规》要求的验算。输出结果 6-2 的图示为直接法确定基础垫层底面尺寸的图解，垫层底面的宽度数值与输出结果 6-2 的❷一致。

输 出 结 果	6-2

```
---直接确定垫层底面尺寸 ---
输入基础类型 (独立基础或条形基础)：独立基础        ❶

-------------------------------------------------------------
直接确定垫层底面宽度            b = 1.70 m ❷
直接确定垫层底面长度            l = 2.04 m
```

垫层的厚度   z = 2.00 m
基础底面处土的自重压力值   pc = 75.60 kPa
基础底面处平均压力值   pk = 284.04 kPa
垫层底面处的附加压力值   pz = 41.45 kPa
垫层底面处的自重压力值   pcz = 108.47 kPa
pz+pcz 的压力值   pz+pcz = 149.92 kPa
垫层底面处的修正后的承载力特征值 faz = 150.25 kPa
pz+pcz = 149.9 kPa < faz = 150.3 kPa，满足要求！   ❸

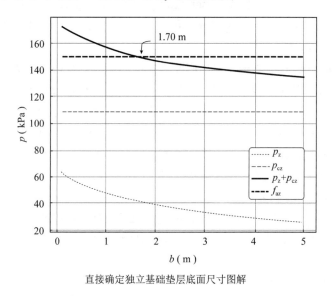

直接确定独立基础垫层底面尺寸图解

6.3　直接确定独立基础垫层厚度

6.3.1　项目描述

直接确定独立基础垫层厚度采用的规范条文与 6.2.1 节的项目描述一致，不再赘述。

6.3.2　项目代码

本计算程序可以直接确定独立基础垫层厚度。代码清单 6-3 中：❶为绘制图形准备的函数；❷的 z 为❶定义的函数自变量；❸为直接确定垫层厚度的函数；❹表示将 z 定义为实数解，去掉虚根解；❺表示 z_0 为❽处定义的初始垫层厚度值；❻为给出❸的初始参数值；❼为各层土的重度值；❾为绘制输出结果 6-3 图形的代码段的起始行；❿为输出结果 6-3 图形的注释代码。具体见代码清单 6-3。

```
# -*- coding: utf-8 -*-
import sympy as sp
import numpy as np
from datetime import datetime
from math import tan, radians
import matplotlib.pyplot as plt

def determine_z(γG,γ,z,b,l,θ,Fk,fak):                              ❶
    h = np.array([1.5, z])                                        ❷
    γm = np.dot(γ,h)/sum(h)
    pc = np.dot(γ[0],h[0])
    d = h[0]
    A = b*l
    Gk = γG*A*d
    pk = (Fk+Gk)/A
    pz = b*l*(pk-pc)/((b+2*z*tan(θ))*(l+2*z*tan(θ)))
    pcz = γ[0]*d+γ[1]*z
    faz = fak+γm*(d+z-0.5)
    return  pc, pk, pz, pcz, faz

def determine_cushion_thicknes(γG,γ,b,l,θ,Fk,fak,number,z0):      ❸
    z = sp.symbols('z', real=True)                                ❹
    f = sp.Function('f')
    h = np.array([1.5, z0])                                       ❺
    γm = np.dot(γ,h)/sum(h)
    pc = np.dot(γ[0],h[0])
    d = h[0]
    A = b*l
    Gk = γG*A*d
    pk = (Fk+Gk)/A
    pz = b*l*(pk-pc)/((b+2*z*tan(θ))*(l+2*z*tan(θ)))
    pcz = γ[0]*d+γ[1]*z
    faz = fak+γm*(d+z-0.5)

    f = faz-(pz+pcz)
    z = max(sp.solve(f, z))
    z = number*((z//number)+1)
    h = np.array([1, z])
    γm = np.dot(γ,h)/sum(h)
```

```
    pk = (Fk+Gk)/A
    pz = b*l*(pk-pc)/((b+2*z*tan(θ))*(l+2*z*tan(θ)))
    pcz = γ[0]*d+γ[1]*z
    faz = fak+γm*(d+z-0.5)
    return z, pc, pk, pz, pcz, faz


def main():
    print('\n',determine_cushion_thicknes.__doc__)
    "                         γG, b, l, θ,          Fk,   fak, number "  ❻
    γG,b,l,θ,Fk,fak,number = 20, 2, 3, radians(30), 1100, 50,  0.05
    γ = np.array([19, 19])                                              ❼
    z0 = 1                                                              ❽
    results = determine_cushion_thicknes(γG,γ,b,l,θ,Fk,fak,number,z0)
    z, pc0, pk0, pz0, pcz0, faz0 = results
    pkz = pz0+pcz0
    bcheck = b+2*z*tan(θ)

    print('-'*many)
    print(f'直接确定独立基础垫层厚度         z = {z:<3.2f} m')
    print(f'基础底面处土的自重压力值         pc = {pc0:<3.2f} kPa')
    print(f'基础底面处平均压力值            pk = {pk0:<3.2f} kPa')
    print(f'垫层底面处的附加压力值          pz = {pz0:<3.2f} kPa')
    print(f'垫层底面处的自重压力值          pcz = {pcz0:<3.2f} kPa')
    print(f'pz+pcz 的压力值             pz+pcz = {(pz0+pcz0):<3.2f} kPa')
    print(f'垫层底面处的修正后的承载力特征值 faz = {faz0:<3.2f} kPa')
    if pkz < faz0 :
        print(f'pz+pcz={pkz:<3.1f} kPa<faz0 = faz0:<3.1f} kPa，满足要求！')
    if b > bcheck :
        print(f'b1= {b:<3.1f}m> b+2ztanθ={bcheck:<3.1f} m，满足要求！')

    fig, ax = plt.subplots(figsize=(5.7, 4.5))                          ❾
    plt.rcParams['font.sans-serif'] = ['STsong']
    zmax = np.linspace(0.1,5,100)
    pz = [determine_z(γG,γ,z,b,l,θ,Fk,fak)[2] for z in zmax]
    pcz = [determine_z(γG,γ,z,b,l,θ,Fk,fak)[3] for z in zmax]
    faz = [determine_z(γG,γ,z,b,l,θ,Fk,fak)[4] for z in zmax]

    plt.plot(zmax,pz, color='b', linewidth=1, linestyle=':',label='pz')
    plt.plot(zmax,pcz, color='m', linewidth=1, linestyle='--',label='pcz')
    pkz = list(np.add(pz, pcz))
```

```
plt.plot(zmax,pkz, color='r', linewidth=2, linestyle='-',label='pz+pcz')
plt.plot(zmax,faz, color='g', linewidth=2, linestyle='--',label='faz')
plt.legend(loc = (0.75, 0.15))
plt.xlabel("z (m)",fontsize=9)
plt.ylabel("$p$  (kPa) ",fontsize=9)

pc, pk, pz, pcz, faz = determine_z(γG,γ,z,b,l,θ,Fk,fak)          ❿
ax.annotate(f'{z:<3.2f} m', xy=(z,faz), xycoords='data',
        xytext=(-45,20), textcoords='offset points',
        arrowprops=dict(arrowstyle="->",
        connectionstyle="angle,angleA=10,angleB=135,rad=10"))

graph = '直接确定独立基础垫层厚度图解'
plt.title(graph,fontsize=9)
plt.grid()
plt.show()
fig.savefig(graph, dpi=600, facecolor="#f1f1f1")

dt = datetime.now()
localtime = dt.strftime('%Y-%m-%d  %H:%M:%S')
print('-'*many)
print("本计算书生成时间 :", localtime)

filename = '直接确定垫层厚度.docx'
with open(filename,'w',encoding = 'utf-8') as f:
    f.write('\n'+ determine_cushion_thicknes.__doc__+'\n')
    f.write(f'直接确定独立基础垫层厚度        z = {z:<3.2f} m \n')
    f.write(f'基础底面处土的自重压力值     pc = {pc0:<3.2f} kPa \n')
    f.write(f'基础底面处平均压力值         pk = {pk0:<3.2f} kPa \n')
    f.write(f'垫层底面处的附加压力值       pz = {pz0:<3.2f} kPa \n')
    f.write(f'垫层底面处的自重压力值      pcz = {pcz0:<3.2f} kPa \n')
    f.write(f'pz+pcz 的压力值          pz+pcz = {(pz0+pcz0):<3.2f} kPa \n')
    f.write(f'垫层底面处的修正后的承载力特征值 faz = {faz0:<3.2f} kPa \n')
    f.write(f'本计算书生成时间 : {localtime}')

if __name__ == "__main__":
    many = 66
    print('='*many)
    main()
    print('='*many)
```

6.3.3 输出结果

运行代码清单 6-3，可以得到输出结果 6-3。输出结果 6-3 中：❶为直接确定独立基础垫层厚度值；❷为 $p_z + p_{cz} \leqslant f_{az}$ 的判定。输出结果 6-3 的图示为直接确定独立基础垫层厚度图解，垫层厚度值与输出结果 6-3 中的❶一致。

输 出 结 果　　　　　　　　　　　　6-3

```
---直接确定垫层厚度---
```

```
直接确定独立基础垫层厚度        z = 2.40 m                        ❶
基础底面处土的自重压力值      pc = 28.50 kPa
基础底面处平均压力值         pk = 213.33 kPa
垫层底面处的附加压力值       pz = 40.27 kPa
垫层底面处的自重压力值      pcz = 74.10 kPa
pz+pcz 的压力值         pz+pcz = 114.37 kPa
垫层底面处的修正后的承载力特征值 faz = 114.60 kPa
pz+pcz = 114.4 kPa < faz0 = 114.6 kPa，满足要求！              ❷
```

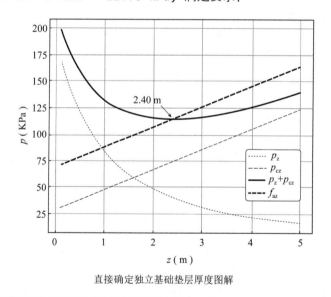

直接确定独立基础垫层厚度图解

6.4 直接确定条形基础垫层厚度

6.4.1 项目描述

直接确定条形基础垫层厚度采用的规范条文与 6.2.1 节的项目描述一致，不再赘述。

6.4.2　项目代码

本计算程序可以计算条形基础垫层厚度。代码清单 6-4 中：❶表示为输出结果 6-4 的图示定义绘图函数；❷表示定义直接确定条形基础垫层厚度的函数；❸表示数组中的d为基础埋深，z为需要确定的条形基础垫层厚度值；❹表示为❷的函数赋初始值；❺为各土层的重度值γ；❻为绘制输出结果 6-4 图形的代码段的起始行；❼为输出结果 6-4 图形中的注释代码。具体见代码清单 6-4。

代 码 清 单　　　　　　　　　　　　　　6-4

```python
# -*- coding: utf-8 -*-
import sympy as sp
import numpy as np
from datetime import datetime
from math import tan, radians
import matplotlib.pyplot as plt

def determine_z(γG,γ,z,d,b,θ,Fk,fak):                      ❶
    h = np.array([d, z])
    γm = np.dot(γ,h)/sum(h)
    pc = np.dot(γ[0],h[0])
    d = h[0]
    Gk = γG*b*d
    pk = (Fk+Gk)/b
    pz = b*(pk-pc)/(b+2*z*tan(θ))
    pcz = γ[0]*d+γ[1]*z
    faz = fak+γm*(d+z-0.5)
    return  pc, pk, pz, pcz, faz

def determine_cushion_thicknes(γG,γ,d,b,θ,Fk,fak,number):  ❷
    z = sp.symbols('z', real=True)
    f = sp.Function('f')
    h = np.array([d, z])                                   ❸
    γm = np.dot(γ,h)/sum(h)
    pc = np.dot(γ[0],h[0])
    d = h[0]
    Gk = γG*b*d
    pk = (Fk+Gk)/b
    pz = b*(pk-pc)/(b+2*z*tan(θ))
    pcz = γ[0]*d+γ[1]*z
    faz = fak+γm*(d+z-0.5)
```

```
        f = faz-(pz+pcz)
        z = max(sp.solve(f, z))
        z = number*((z//number)+1)

        h = np.array([1, z])
        γm = np.dot(γ,h)/sum(h)
        pk = (Fk+Gk)/b
        pz = b*(pk-pc)/(b+2*z*tan(θ))
        pcz = γ[0]*d+γ[1]*z
        faz = fak+γm*(d+z-0.5)
        return z, pc, pk, pz, pcz, faz


def main():
    print('\n',determine_cushion_thicknes.__doc__)
    "                       γG, d,   b,   θ,         Fk,  fak,  number "
    γG,d,b,θ,Fk,fak,number = 20, 1.5, 1.2, radians(30), 116, 50,  0.05   ❹
    γ = np.array([17.5, 17.5])                                            ❺
    results = determine_cushion_thicknes(γG,γ,d,b,θ,Fk,fak,number)
    z, pc, pk, pz, pcz, faz = results
    pkz = pz+pcz
    bcheck = b+2*z*tan(θ)

    print('-'*many)
    print(f'直接确定条形基础垫层厚度            z = {z:<3.2f} m')
    print(f'基础底面处土的自重压力值           pc = {pc:<3.2f} kPa')
    print(f'基础底面处平均压力值              pk = {pk:<3.2f} kPa')
    print(f'垫层底面处的附加压力值            pz = {pz:<3.2f} kPa')
    print(f'垫层底面处的自重压力值           pcz = {pcz:<3.2f} kPa')
    print(f'pz+pcz 的压力值             pz+pcz = {(pz+pcz):<3.2f} kPa')
    print(f'垫层底面处的修正后的承载力特征值 faz = {faz:<3.2f} kPa')
    if pkz < faz :
        print(f'pz+pcz={pkz:<3.1f}kPa< faz={faz:<3.1f}kPa, 满足要求！')
    if b > bcheck :
        print(f'b1= {b:<3.1f} m > b+2ztanθ = {bcheck:<3.1f} m, 满足要求！')

    fig, ax = plt.subplots(figsize=(5.7, 5.5))                            ❻
    plt.rcParams['font.sans-serif'] = ['STsong']
    zmax = np.linspace(0.1,5,100)
    pz = [determine_z(γG,γ,z,d,b,θ,Fk,fak)[2] for z in zmax]
    pcz = [determine_z(γG,γ,z,d,b,θ,Fk,fak)[3] for z in zmax]
```

```python
faz = [determine_z(γG,γ,z,d,b,θ,Fk,fak)[4] for z in zmax]

plt.plot(zmax,pz, color='b', linewidth=1, linestyle=':',label='pz')
plt.plot(zmax,pcz, color='m', linewidth=1, linestyle='--',label='pcz')
pkz = list(np.add(pz, pcz))
plt.plot(zmax,pkz, color='r', linewidth=2, linestyle='-',label='pz+pcz')
plt.plot(zmax,faz, color='g', linewidth=2, linestyle='--',label='faz')
plt.legend(loc = (0.75, 0.15))
plt.xlabel("z (m)",fontsize=9)
plt.ylabel("$p$  (kPa) ",fontsize=9)


pc, pk, pz, pcz, faz = determine_z(γG,γ,z,d,b,θ,Fk,fak)
ax.annotate(f'{z:<3.2f} m', xy=(z,faz), xycoords='data',
        xytext=(-45,20), textcoords='offset points',
        arrowprops=dict(arrowstyle="->",
        connectionstyle="angle,angleA=10,angleB=135,rad=10"))

graph = '直接确定条形基础垫层厚度图解'
plt.title(graph,fontsize=9)
plt.grid()
plt.show()
fig.savefig(graph, dpi=600, facecolor="#f1f1f1")


dt = datetime.now()
localtime = dt.strftime('%Y-%m-%d  %H:%M:%S')
print('-'*many)
print("本计算书生成时间 :", localtime)


filename = '直接确定条形基础垫层厚度.docx'
with open(filename,'w',encoding = 'utf-8') as f:
  f.write('\n'+ determine_cushion_thicknes.__doc__+'\n')
  f.write(f'直接确定条形基础垫层厚度              z = {z:<3.2f} m \n')
  f.write(f'基础底面处土的自重压力值           pc = {pc:<3.2f} kPa \n')
  f.write(f'垫层底面处的附加压力值            pk = {pk:<3.2f} kPa \n')
  f.write(f'荷载作用下求得的基础底面长度       pz = {pz:<3.2f} kPa \n')
  f.write(f'垫层底面处的自重压力值           pcz = {pcz:<3.2f} kPa \n')
  f.write(f'pz+pcz 的压力值              pz+pcz = {(pz+pcz):<3.2f} kPa \n')
  f.write(f'垫层底面处的修正后的承载力特征值 faz = {faz:<3.2f} kPa \n')
  f.write(f'本计算书生成时间 : {localtime}')
```

❼

```
if __name__ == "__main__":
    many = 66
    print('='*many)
    main()
    print('='*many)
```

6.4.3　输出结果

运行代码清单 6-4，可以得到输出结果 6-4。输出结果 6-4 中：❶为直接确定条形基础垫层厚度；❷为$p_z + p_{cz} \leqslant f_{az}$的判定。输出结果 6-4 的图示为直接确定条形基础垫层厚度图解。

输 出 结 果　　　　　　　　　　　　　　　　　　6-4

---直接确定条形基础垫层厚度---

直接确定条形基础垫层厚度　　　　　z = 1.50 m　　　　　❶
基础底面处土的自重压力值　　　　pc = 26.25 kPa
基础底面处平均压力值　　　　　　pk = 126.67 kPa
垫层底面处的附加压力值　　　　　pz = 41.10 kPa
垫层底面处的自重压力值　　　　　pcz = 52.50 kPa
pz+pcz 的压力值　　　　　　pz+pcz = 93.60 kPa
垫层底面处的修正后的承载力特征值 faz = 93.75 kPa
pz+pcz = 93.6 kPa < faz = 93.8 kPa，满足要求!　　　❷

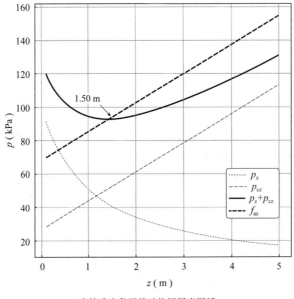

直接确定条形基础垫层厚度图解

6.5 直接确定水泥粉煤灰桩的间距

6.5.1 项目描述

常用的复合桩体的平面布置形式见图 6-1。

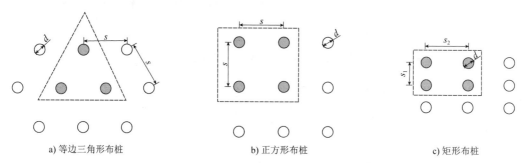

a) 等边三角形布桩　　　　　　　b) 正方形布桩　　　　　　　c) 矩形布桩

图 6-1 常用的复合桩体的平面布置形式

s-桩间距；d-桩直径

根据《建筑地基处理技术规范》（JGJ 79—2012）第 7.1.5 条，复合地基初步设计时的地基承载力特征值计算见流程图 6-3；面积置换率 m 计算见流程图 6-4；等边三角形布桩时桩间距计算见流程图 6-5；矩形布桩时桩间距计算见流程图 6-6。

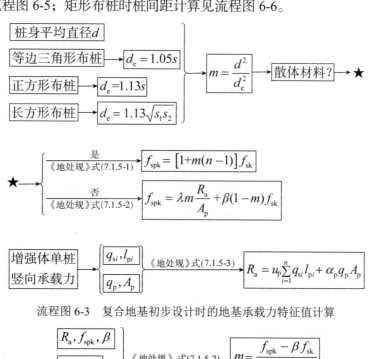

流程图 6-3 复合地基初步设计时的地基承载力特征值计算

流程图 6-4 面积置换率 m 计算

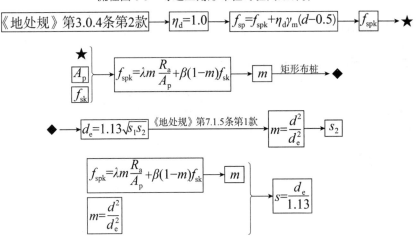

流程图 6-5　等边三角形布桩时桩间距计算

流程图 6-6　矩形布桩时桩间距计算

正方形排列时：

$$d_e = \sqrt{\frac{4}{\pi}} \cdot s = 1.13s \tag{6-3}$$

等边三角形排列时：

$$d_e = \sqrt{\frac{2\sqrt{3}}{\pi}} \cdot s = 1.05s \tag{6-4}$$

6.5.2　项目代码

本计算程序可以直接确定水泥粉煤灰（CFG）桩的间距。代码清单 6-5 中：❶为需确定的 CFG 桩间距 s；❷、❸为长方形布桩时的 CFG 桩间距 s_1、s_2；❹为长方形布桩时的 CFG 桩输出参数；❺为三角形和正方形布桩时的 CFG 桩输出参数；❻为输入布桩类型；❼为长方形布桩时需补充的间距的长宽比；❽为确定 CFG 桩间距所需的参数；❾为长方形布桩时输出参数；❿为三角形和正方形布桩时输出参数。具体见代码清单 6-5。

代码清单	6-5

```python
# -*- coding: utf-8 -*-
import sympy as sp
from datetime import datetime
from math import  pi, sqrt
def determine_space_CFG_Piles(λ,β,d,Ra,fsk,fspk,para,number,xz,n):
    '''直接确定 CFG 桩的间距 s'''
    s = sp.symbols('s', real=True)
```

```
    f = sp.Function('f')

    de = para*s
    m = d**2/de**2
    Ap = pi*d**2/4
    f = (λ*m*Ra/Ap+β*(1-m)*fsk)-fspk
    s = min(sp.solve(f, s))
    s = abs(number*((s//number)+1))          ❶

    if '长方形'==xz:
        s1 = s                               ❷
        s2 = n*s1                            ❸
    de = para*s
    m = d**2/de**2
    Ap = pi*d**2/4
    fspk_r = λ*m*Ra/Ap+β*(1-m)*fsk
    if '长方形'==xz:
        return s1,s2, d, de, m, Ap, fspk_r   ❹
    else:
        return s, d, de, m, Ap, fspk_r       ❺

def main():
    print('\n',determine_space_CFG_Piles.__doc__)
    print('-'*many)
    xz = input('输入排列形状（三角形，正方形或长方形）：')          ❻
    n = 1
    if '长方形'==xz:                                         ❼
        n = float(input('输入长方形布桩时 s1/s2 的比值：'))
    dic = {'三角形':1.05,  '正方形':1.13,  '长方形':1.13*sqrt(n)}
    para = dic[xz]
    "                      λ,   β,   d,   Ra,  fsk, fspk, number "
    λ,β,d,Ra,fsk,fspk,number = 0.9, 0.9, 0.3, 700, 100, 350,  0.1   ❽
    results=determine_space_CFG_Piles(λ,β,d,Ra,fsk,fspk,para,number,xz,n)

    if '长方形'==xz:                                         ❾
        s1, s2, d, de, m, Ap, fspk_r = results
        print(f'直接确定桩间距          s1 = {s1:<3.2f} m')
        print(f'直接确定桩间距          s2 = {s2:<3.2f} m')
    else:                                                   ❿
        s, d, de, m, Ap, fspk_r = results
```

```
            print(f'直接确定桩间距           s = {s:<3.2f} m')
        print(f'桩径                   d = {d:<3.2f} m')
        print(f'等效圆直径               de = {de:<3.2f} m')
        print(f'置换率                  m = {m:<3.2f} ')
        print(f'面积                   Ap = {Ap:<3.2f} m^2')
        print(f'实际承载力           fspk_r = {fspk_r:<3.2f} kPa')
        print(f'目标承载力             fspk = {fspk:<3.2f} kPa')

    dt = datetime.now()
    localtime = dt.strftime('%Y-%m-%d  %H:%M:%S')
    print('-'*many)
    print("本计算书生成时间 :", localtime)


    filename = '直接确定CFG桩的间距 s.docx'
    with open(filename,'w',encoding = 'utf-8') as f:
        f.write('\n'+ determine_space_CFG_Piles.__doc__+'\n')
        if '长方形'==xz:
            s1, s2, d, de, m, Ap, fspk_r = results
            f.write(f'直接确定桩间距           s1 = {s1:<3.2f} m\n')
            f.write(f'直接确定桩间距           s2 = {s2:<3.2f} m\n')
        else:
            s, d, de, m, Ap, fspk_r = results
            f.write(f'直接确定桩间距             s = {s:<3.2f} m\n')
        f.write(f'桩径                    d = {d:<3.2f} m \n')
        f.write(f'等效圆直径                de = {de:<3.2f} m \n')
        f.write(f'置换率                   m = {m:<3.2f}  \n')
        f.write(f'面积                    Ap = {Ap:<3.2f} m^2 \n')
        f.write(f'实际承载力            fspk_r = {fspk_r:<3.2f} kPa\n')
        f.write(f'目标承载力              fspk = {fspk:<3.2f} kPa\n')
        f.write(f'本计算书生成时间 : {localtime}')

if __name__ == "__main__":
    many = 66
    print('='*many)
    main()
    print('='*many)
```

6.5.3   输出结果

运行代码清单 6-5，可以得到输出结果 6-5。输出结果 6-5 中：❶为 CFG 桩的平面形式；❷为长方形布桩时长宽方向的比值；❸为长方形布桩时宽度方向的间距；❹为长方形布桩时长度方向的间距；❺为 CFG 桩的实际承载力。

输出结果 　　　　　　　　　　　　　　　　　　　　　　　6-5

直接确定 CFG 桩的间距 s

- -

输入排列形状（三角形，正方形或长方形）：长方形　❶

输入长方形布桩时 s1/s2 的比值：1.3　❷

直接确定桩间距　　　　 s1 = 1.30 m　❸

直接确定桩间距　　　　 s2 = 1.69 m　❹

桩径　　　　　　　　　 d = 0.30 m

等效圆直径　　　　　　 de = 1.67 m

置换率　　　　　　　　 m = 0.03

面积　　　　　　　　　 Ap = 0.07 m^2

实际承载力　　　　　 fspk_r = 373.05 kPa　❺

目标承载力　　　　　 fspk = 350.00 kPa

6.6　灰土、土挤密桩

6.6.1　项目描述

根据《建筑地基处理技术规范》（JGJ 79—2012）第 6.2.2 条和第 7.5.2 条，灰土、土挤密桩复合地基承载力计算见流程图 6-7。

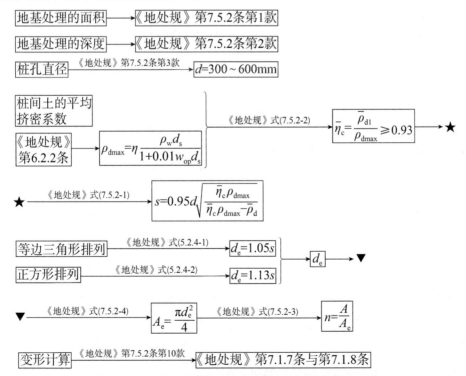

流程图 6-7　灰土挤密桩和土挤密桩复合地基承载力计算

6.6.2 项目代码

本计算程序可以计算灰土、土挤密桩复合地基承载力。代码清单 6-6 中：❶为定义复合地基处理方法(灰土、土挤密桩)；❷表示为❶函数的参数赋初始值。具体见代码清单 6-6。

代 码 清 单	6-6

```python
# -*- coding utf-8 -*-
from datetime import datetime

def checking_of_lime_soil_and_soil_compaction_pile(d,s1,s2,n,fsk):    ❶
    de = 1.13*(s1*s2)**0.5
    m = (d/de)**2
    fspk = (1 + m*(n - 1))*fsk
    return fspk


def main():
    print('\n',checking_of_lime_soil_and_soil_compaction_pile.__doc__)
    '                    d,   s1,   s2,   n, fsk  '                     ❷
    d, s1, s2, n, fsk = 0.3, 0.9, 0.9, 4, 100
    fspk = checking_of_lime_soil_and_soil_compaction_pile(d,s1,s2,n,fsk)
    print(f'复合地基承载力特征值    fspk = {fspk:<3.1f} kPa ')

    dt = datetime.now()
    localtime = dt.strftime('%Y-%m-%d  %H:%M:%S ')
    print('-'*many)
    print("本计算书生成时间 :", localtime)

    filename = '灰土、土挤密桩.docx'
    with open(filename,'w',encoding = 'utf-8') as f:
        f.write(f'复合地基承载力特征值    fspk = {fspk:<3.1f} kPa \n')
        f.write(f'本计算书生成时间 : {localtime}')

if __name__ == "__main__":
    many = 50
    print('='*many)
    main()
    print('='*many)
```

6.6.3 输出结果

运行代码清单 6-6，可以得到输出结果 6-6。

输出结果   6-6

复合地基处理方法：灰土、土挤密桩
复合地基承载力特征值   fspk = 126.1 kPa

6.7 水泥土搅拌桩

6.7.1 项目描述

根据《建筑地基处理技术规范》（JGJ 79—2012）第 7.1.5 条和第 7.3.3 条，复合地基初步设计时的地基承载力特征值计算见流程图 6-8，单桩承载力特征值计算见流程图 6-9。

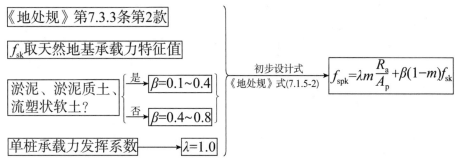

流程图 6-8 复合地基初步设计时的地基承载力特征值计算

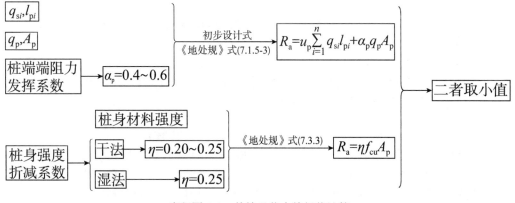

流程图 6-9 单桩承载力特征值计算

6.7.2 项目代码

本计算程序可以计算水泥土搅拌桩复合地基承载力。代码清单 6-7 中：❶为定义的水泥土搅拌桩函数；❷表示用 NumPy 的点积函数计算桩身侧向摩阻承载力；❸为输入桩的排列方式，然后根据下一行的字典代码获取系数。具体见代码清单 6-7。

```python
# -*- coding utf-8 -*-
import numpy as np
from math import  pi
from datetime import datetime

def cement_soil_mixing_pile(d,s,αp,qp,λ,β,fsk,η,fcu,qsi,h,para):    ❶
    de = para*s
    m = (d/de)**2
    Ap = pi*d**2/4
    up = pi*d

    Qsk = np.dot(qsi,h)*up                      ❷
    Qpk = αp*qp*Ap
    Ra = Qsk+Qpk
    fspk = λ*m*Ra/Ap + β*(1-m)*fsk
    Ra2 = η*fcu*Ap*1000
    return m, Ra, fspk, fsk, Ra2

def main():
    print('水泥土搅拌桩')
    print('-'*many)
    xz = input('输入排列形状（三角形或圆形）：')          ❸
    dic = {'三角形':1.05,  '圆形':1.13}
    para = dic[xz]
    '                        d,   s,   αp,   qp,   λ,    β,    fsk,  η,    fcu '
    d,s,αp,qp,λ,β,fsk,η,fcu = 0.3,1.0, 0.60, 200, 0.85, 0.30,100, 0.20, 20
    qsi = np.array([8,13,24])
    h = np.array([2,5,3])
    results = cement_soil_mixing_pile(d,s,αp,qp,λ,β,fsk,η,fcu,qsi,h,para)
    m, Ra, fspk, fsk, Ra2 = results

    print(f'面积置换率                    m = {m:<3.3f} ')
    print(f'单桩竖向承载力                 Ra = {Ra:<3.1f} kPa')
    print(f'处理后桩间土承载力特征值        fsk = {fsk:<3.1f} kPa ')
    print(f'复合地基承载力特征值            fspk = {fspk:<3.1f} kPa')
    print(f'桩身材料强度确定的承载力        Ra2 = {Ra2:<3.1f} kPa')

    if Ra2 > Ra  :
        print('Ra2 >= Ra ，满足要求！')
    else:
        print('Ra2 < Ra ，不满足要求，需要重新设计！')
```

```
dt = datetime.now()
localtime = dt.strftime('%Y-%m-%d  %H:%M:%S ')
print('-'*many)
print("本计算书生成时间 :", localtime)


filename = '水泥土搅拌桩.docx'
with open(filename,'w',encoding = 'utf-8') as f:
    f.write(f'面积置换率                    m = {m:<3.3f}  \n')
    f.write(f'单桩竖向承载力               Ra = {Ra:<3.1f} kPa \n')
    f.write(f'处理后桩间土承载力特征值     fsk = {fsk:<3.1f} kPa \n')
    f.write(f'复合地基承载力特征值         fspk = {fspk:<3.1f} kPa \n')
    f.write(f'桩身材料强度确定的承载力     Ra2 = {Ra2:<3.1f} kPa  \n')

    if Ra2 > Ra :
        f.write('Ra2 >= Ra , 满足要求!   \n')
    else:
        f.write('Ra2 < Ra , 不满足要求，需要重新设计!    \n')
    f.write(f'本计算书生成时间 : {localtime}')

if __name__ == "__main__":
    many = 50
    print('='*many)
    main()
    print('='*many)
```

6.7.3 输出结果

运行代码清单 6-7，可以得到输出结果 6-7。输出结果 6-7 中，❶为根据程序提示输入桩排列形状。

输出 结 果   6-7

水泥土搅拌桩复核

输入排列形状 (三角形或圆形)：圆形   ❶
面积置换率   m = 0.070
单桩竖向承载力   Ra = 152.7 kPa
处理后桩间土承载力特征值   fsk = 100.0 kPa
复合地基承载力特征值   fspk = 157.3 kPa
桩身材料强度确定的承载力   Ra2 = 282.7 kPa
Ra2 >= Ra , 满足要求!

6.8 不考虑竖井井阻和涂抹影响的平均固结度

6.8.1 项目描述

根据《建筑地基处理技术规范》（JGJ 79—2012）第 5.2.7 条，地基平均固结度计算见流程图 6-10。

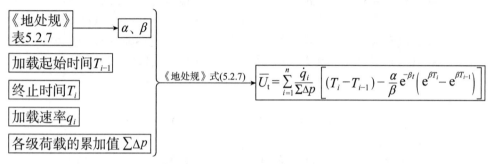

流程图 6-10 地基平均固结度计算

根据《建筑地基处理技术规范》（JGJ 79—2012）第 5.2.8 条，瞬时加载竖井地基径向排水平均固结度计算见流程图 6-11。

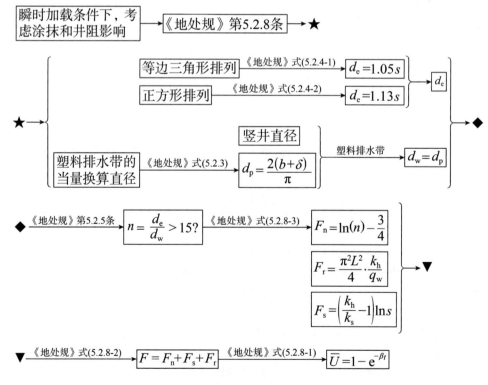

流程图 6-11 瞬时加载竖井地基径向排水平均固结度计算

6.8.2 项目代码

本计算程序可以计算一级或多级等速加载条件下，考虑涂抹和井阻影响时竖井地基径向排水平均固结度。代码清单 6-8 中：❶为定义函数计算式$\frac{q_i}{\sum \Delta p}\Big[(T_i - T_{i-1}) - \frac{\alpha}{\beta}e^{-\beta t}(e^{\beta T_i} - e^{\beta T_{i-1}})\Big]$；❷表示因公式较长，需回行给出；❸为不考虑竖井井阻和涂抹影响的平均固结度所定义的函数；❹给出计算的已知参数值；❺为平均固结度函数的计算结果。具体见代码清单 6-8。

代码清单   6-8

```python
# -*- coding: utf-8 -*-
from datetime import datetime
from math import  pi, log, exp
import numpy as np
import matplotlib.pyplot as plt


def consolidation_equation(q,T,w,i,α,β):          ❶
    return q[i]/100*((T[w+1]-T[w])-\              ❷
                        α/β*exp(-β*T[-1])*(exp(β*T[w+1]))-exp(β*T[w]))
def degree_of_consolidation(w,p,q,T,ch,cv,l,H,dw,Time):          ❸
    α = 8/pi**2
    de = 1.05*l
    n = de*1000/dw

    Fn = n**2/(n**2-1)*log(n)-(3*n**2-1)/(4*n**2)
    β = (8*ch/(Fn*(de*100)**2)+pi**2*cv/(4*(H*100)**2))*(60*60*24)

    kk = []
    for i in range(len(q)):
        kk.append(q[i]/p*((T[i+w+1]-T[i+w])-\
                        α/β*exp(-β*Time)*(exp(β*T[i+w+1])-exp(β*T[i+w]))))
        w +=1
    U = sum(kk)
    return α, de, n, Fn, β, U


def main():
    print('\n',degree_of_consolidation.__doc__)
    "                 w,  p,    ch,          cv,           l,   H,   dw "    ❹
    w,p,ch,cv,l,H,dw = 0, 100, 1.8*10**-3, 1.8*10**-3,  1.4,  20,  70
    q = [6,4]
    T = [0,10,30,40]
```

```python
total = 120
α,de,n,Fn,β,U = degree_of_consolidation(w,p,q,T,ch,cv,l,H,dw,total)  ❺

print('-'*many)
print(f'固结度            U = {U:<3.3f} ')
print(f'参数             α = {α:<3.2f} ')
print(f'参数             β = {β:<3.3f} ')
print(f'参数             Fn = {Fn:<3.2f} ')
print(f'等效圆直径         de = {de:<3.2f} m')
print(f'径井比            n = {n:<3.1f} ')

Time = np.linspace(0, 200, 120)
U0 = [degree_of_consolidation(w,p,q,T,ch,cv,l,H,dw,t)[5] for t in Time]

fig, ax = plt.subplots(figsize=(5.7, 2.0))
plt.rcParams['font.sans-serif'] = ['STsong']

plt.plot(Time,U0, color='r', lw=2, linestyle='-')
plt.ylabel("固结度",fontsize=9)
plt.xlabel("时间 (d)",fontsize=9)

Time = total
α, de, n, Fn, β, U = degree_of_consolidation(w,p,q,T,ch,cv,l,H,dw,Time)
ax.annotate(f'{U:<3.3f} ', xy=(Time,U), xycoords='data',
            xytext=(15,20), textcoords='offset points',
            arrowprops=dict(arrowstyle="->",
            connectionstyle="angle,angleA=10,angleB=85,rad=10"))
graph = '固结度与时间关系曲线'
plt.title(graph,fontsize=9)
plt.gca().invert_yaxis()
plt.grid()
plt.show()
fig.savefig(graph, dpi=600, facecolor="#f1f1f1")

dt = datetime.now()
localtime = dt.strftime('%Y-%m-%d  %H:%M:%S')
print('-'*many)
print("本计算书生成时间 :", localtime)

filename = '固结度.docx'
```

```
with open(filename,'w',encoding = 'utf-8') as f:
    f.write('\n'+ degree_of_consolidation.__doc__+'\n')
    f.write(f'固结度              U = {U:<3.3f} \n')
    f.write(f'参数               α = {α:<3.2f} \n')
    f.write(f'参数               β = {β:<3.3f} \n')
    f.write(f'参数               Fn = {Fn:<3.2f} \n')
    f.write(f'等效圆直径           de = {de:<3.2f} m\n')
    f.write(f'径井比              n = {n:<3.1f} \n')
    f.write(f'本计算书生成时间 : {localtime}')


if __name__ == "__main__":
    many = 66
    print('='*many)
    main()
    print('='*many)
```

6.8.3 输出结果

运行代码清单 6-8，可以得到输出结果 6-8。输出结果 6-8 中，❶为不考虑竖井井阻和涂抹影响的平均固结度。输出结果 6-8 的图示为固结度与时间关系曲线。

输 出 结 果	6-8

不考虑竖井井阻和涂抹影响的平均固结度

```
-----------------------------------
固结度              U = 0.934              ❶
参数               α = 0.81
参数               β = 0.025
参数               Fn = 2.30
等效圆直径           de = 1.47 m
径井比              n = 21.0
```

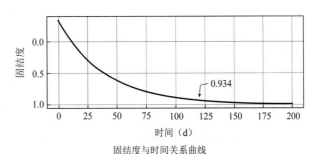

固结度与时间关系曲线

6.9　考虑竖井井阻和涂抹影响的平均固结度

6.9.1　项目描述

根据《建筑地基处理技术规范》（JGJ 79—2012）第 5.2.8 条，一级或多级等速加载条件下，考虑涂抹和井阻影响时竖井地基径向排水平均固结度计算见流程图 6-12。

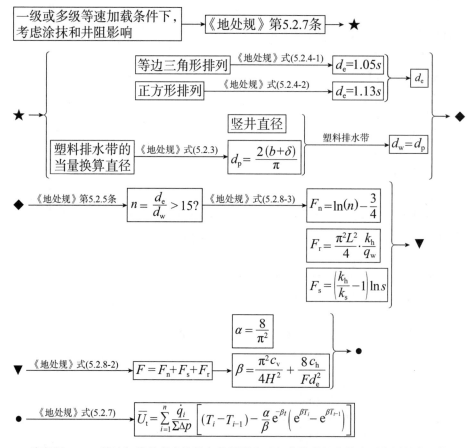

流程图 6-12　等速加载并考虑涂抹和井阻影响时竖井地基径向排水平均固结度计算

6.9.2　项目代码

本计算程序可以计算一级或多级等速加载条件下，考虑涂抹和井阻影响时竖井地基径向排水平均固结度。代码清单 6-9 中：❶为定义函数计算式 $\frac{q_i}{\sum \Delta p}\left[(T_i - T_{i-1}) - \frac{\alpha}{\beta}e^{-\beta t}(e^{\beta T_i} - e^{\beta T_{i-1}})\right]$；❷表示因公式较长，需回行给出；❸为考虑竖井井阻和涂抹影响的平均固结度所定义的函数；❹给出计算的已知参数值；❺为平均固结度函数的计算结果。具体见代码清单 6-9。

```
# -*- coding: utf-8 -*-
from datetime import datetime
from math import  pi, log, exp
import numpy as np
import matplotlib.pyplot as plt


def consolidation_equation(q,T,w,i,α,β):          ❶
return q[i]/100*((T[w+1]-T[w])-\                  ❷
                α/β*exp(-β*T[-1])*(exp(β*T[w+1]))-exp(β*T[w]))


def deg_of_consolid (w,p,kw, kh, ks,L,s,q,T,ch,cv,l,H,dw,total):          ❸
    '''考虑竖井井阻和涂抹影响的平均固结度'''
    de = 1.05*l
    de = de*100
    n = de*10/dw
    H = H*100
    qw = kw*pi*dw**2/4

    Fn = log(n)-3/4
    Fr = pi**2*L**2*kh/(4*qw)
    Fs = (kh/ks-1)*log(s)
    F = Fn+Fr+Fs

    α = 8/pi**2
    β = (8*ch/(F*(de)**2)+pi**2*cv/(4*H**2))*(60*60*24)

    kk = []
    for i in range(len(q)):
        kk.append(q[i]/p*((T[i+w+1]-T[i+w])-\
                    α/β*exp(-β*total)*(exp(β*T[i+w+1])-exp(β*T[i+w]))))
        w +=1
    U = sum(kk)
    return qw, α, de, n, Fn, Fr, Fs, F, β, U


def main():
    print('\n', deg_of_consolid.__doc__)
    "               ch,        cv,          l,    H(m),   dw(cm)  "          ❹
    ch,cv,l,H,dw = 1.8*10**-3, 1.8*10**-3,  1.4,   20,      70
```

```
'''                     w,p,   kw,       kh,      ks,        L,    s '''
w,p,kw,kh,ks,L,s = 0,100, 2*10**-2, 1*10**-7, 0.2*10**-7, 2000, 2
q = [6,4]
T = [0,10,30,40]
total = 150


results= deg_of_consolid (w,p,kw,kh,ks,L,s,q,T,ch,cv,l,H,dw,total)
qw, α, de, n, Fn, Fr, Fs, F, β, U = results                        ❺

print('-'*many)
print(f'平均固结度               U = {U:<3.3f} ')
print(f'纵向通水量              qw = {qw:<3.3f} cm^3/s')

print(f'径井比                  n = {n:<3.1f} ')
print(f'固结度                 Fn = {Fn:<3.3f} ')
print(f'固结度                 Fr = {Fr:<3.3f} ')
print(f'固结度                 Fs = {Fs:<3.3f} ')
print(f'固结度                  F = {F:<3.3f} ')

print(f'参数                    α = {α:<3.2f} ')
print(f'参数                    β = {β:<3.3f} ')

print(f'等效圆直径              de = {de:<3.0f} cm')

Time = np.linspace(0, 200, 120)
U0 = [deg_of_consolid (w,p,kw, kh, ks,L,s,q,T,ch,cv,l,H,dw,t)[9]
      for t in Time]

fig, ax = plt.subplots(figsize=(5.7, 3.5))
plt.rcParams['font.sans-serif'] = ['STsong']

plt.plot(Time,U0, color='r', lw=2, linestyle='-')
plt.ylabel("固结度",fontsize=9)
plt.xlabel("时间 (d)",fontsize=9)

Time = total
results = deg_of_consolid (w,p,kw, kh, ks,L,s,q,T,ch,cv,l,H,dw,total)
qw, α, de, n, Fn, Fr, Fs, F, β, U = results
ax.annotate(f'{U:<3.3f} ', xy=(Time,U), xycoords='data',
            xytext=(16,16), textcoords='offset points',
            arrowprops=dict(arrowstyle="->",
            connectionstyle="angle,angleA=10,angleB=85,rad=10"))
graph = '固结度与时间关系曲线'
```

```
        plt.title(graph,fontsize=9)
        plt.gca().invert_yaxis()
        plt.grid()
        plt.show()
        fig.savefig(graph, dpi=600, facecolor="#f1f1f1")

        dt = datetime.now()
        localtime = dt.strftime('%Y-%m-%d  %H:%M:%S')
        print('-'*many)
        print("本计算书生成时间 :", localtime)

        filename = '固结度.docx'
        with open(filename,'w',encoding = 'utf-8') as f:
            f.write('\n'+ deg_of_consolid.__doc__+'\n')
            f.write(f'固结度              U= {U:<3.3f} \n')
            f.write(f'参数              α = {α:<3.2f} \n')
            f.write(f'参数              β = {β:<3.3f} \n')
            f.write(f'参数              Fn = {Fn:<3.2f} \n')
            f.write(f'等效圆直径         de = {de:<3.2f} m\n')
            f.write(f'径井比            n = {n:<3.1f} \n')
            f.write(f'本计算书生成时间 : {localtime}')


if __name__ == "__main__":
    many = 66
    print('='*many)
    main()
    print('='*many)
```

6.9.3 输出结果

运行代码清单 6-9，可以得到输出结果 6-9。输出结果 6-9 中，❶为平均固结度。输出结果 6-9 的图示为固结度与时间关系曲线。

输 出 结 果   6-9

考虑竖井井阻和涂抹影响的平均固结度

平均固结度   U = 0.820   ❶
纵向通水量   qw = 76.969 cm^3/s
径井比   n = 21.0
固结度系数   Fn = 2.295

固结度系数　　　　Fr = 0.013
固结度系数　　　　Fs = 2.773
固结度系数　　　　 F = 5.080
参数　　　　　　　α = 0.81
参数　　　　　　　β = 0.011
等效圆直径　　　　de = 147 cm

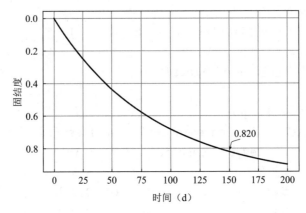

固结度与时间关系曲线

| 第7章 |

土工试验、临界荷载与临塑荷载

7.1 土工试验中的标准值和相关参数

7.1.1 项目描述

根据《建筑地基基础设计规范》（GB 50007—2011）附录 E，土工试验中标准值及相关参数的计算见流程图 7-1。

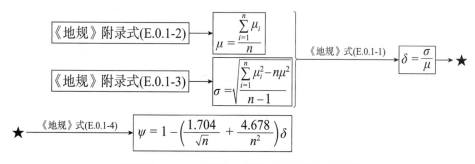

流程图 7-1　土工试验中标准值及相关参数计算

7.1.2 项目代码

本计算程序可以计算土工试验中的标准值和相关参数。代码清单 7-1 中：❶为试验数据；❷为计算试验数据个数；❸为计算试验数据的平均值；❹为计算试验数据的标准差；❺为计算试验数据的变异系数；❻为计算试验数据的统计修正系数；❼为计算试验数据的标准差；❽为计算试验数据的总体方差；❾为计算试验数据的样本方差。具体见代码清单7-1。

```
# -*- coding: utf-8 -*-
import numpy as np
from math import sqrt
import matplotlib.pylab as plt

f = np.array([15,13,17,13,15,12,14,15])        ❶
n = len(f)                                      ❷

μ = np.mean(f)                                  ❸
σ = np.std(f)                                   ❹
δ = σ/μ                                         ❺
ψ = 1-(1.704/sqrt(n)+4.678/n**2)*δ              ❻
result = μ*ψ                                    ❼

print(f'平均值       μ = {μ:<3.3f}')
print(f'标准差       σ = {σ:<3.3f}')
print(f'变异系数     δ = {δ:<3.3f}')
print(f'统计修正系数  ψ = {ψ:<3.3f}')
print(f'标准值       r = {result:<3.3f}')

σf = np.var(f,ddof=0)                            ❽
print(f'方差 σf = {σf:<3.2f}')
σf = np.var(f,ddof=1)                            ❾
print(f'方差 σf = {σf:<3.2f}')

fig = plt.figure(0, figsize=(5.7,4.3), facecolor = "#f1f1f1")
plt.rcParams['font.sans-serif'] = ['STsong']
plt.plot(f,'g*-',lw=0.5)
plt.grid()
plt.xlim(0,n-1)
plt.ylim(0,18)
plt.xlabel('试验数据个数')
plt.ylabel('试验数据值')

plt.show()
fig.savefig('土工试验曲线', dpi=600, facecolor="#f1f1f1")
```

7.1.3　输出结果

运行代码清单 7-1，可以得到输出结果 7-1。输出结果 7-1 中：❶为试验数据的总体方差；❷为试验数据的样本方差，两者之间因为 n 与 $n-1$ 的关系，数值不同。输出结果 7-1 的图示为各个试验数据的连线，五角星代表单个试验数据。

<u>输 出 结 果</u>　　　　　　　　　　　　　　　　7-1

平均值　　　　μ = 14.250
标准差　　　　σ = 1.479
变异系数　　　δ = 0.104
统计修正系数　ψ = 0.930
标准值　　　　r = 13.251
方差 σf = 2.19　　　　　　　　　❶
方差 σf = 2.50　　　　　　　　　❷

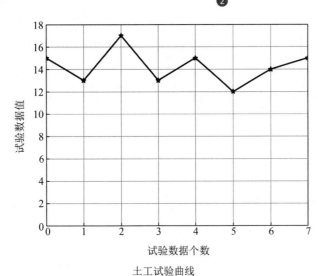

土工试验曲线

7.2　土的基本物理性质指标

7.2.1　项目描述

土的基本物理性质指标见表 7-1。

土的基本物理性质指标　　　　　　　　　　　表 7-1

指标名称	符号	表 达 式	物理意义
密度（g/cm³）	ρ	$\rho = \dfrac{m}{V}$	单位体积土的质量，又称质量密度
重度（kN/m³）	γ	$\gamma = \rho g$	单位体积土所受的重力，又称重力密度
干密度（g/cm³）	ρ_d	$\rho_d = \dfrac{m_s}{V}$	单位体积土颗粒的质量
干重度（kN/m³）	γ_d	$\gamma_d = \dfrac{W_s}{V}$	单位体积土颗粒所受的重力

指标名称	符号	表达式	物理意义
饱和密度（g/cm³）	ρ_{sat}	$\rho_{sat} = \dfrac{m_s + V_v\rho_w}{V}$	土中孔隙完全被水充满时土的密度
饱和重度（kN/m³）	γ_{sat}	$\gamma_{sat} = \rho_{sat}g$	土中孔隙完全被水充满时土的重度
有效重度（kN/m³）	γ'	$\gamma' = \gamma_{sat} - \gamma_w$	在地下水位以下，土体受到水的浮力作用时土的重度，又称浮重度
相对密度	G_s	$G_s = \dfrac{m_s}{V_s\rho_w}$	同体积的土粒质量与4℃时蒸馏水的质量之比
含水量（%）	w	$w = \dfrac{m_w}{m_s} \times 100$	土中水的质量与颗粒质量之比
孔隙比	e	$e = \dfrac{V_v}{V_s}$	土中孔隙体积与土粒体积之比
孔隙率	n	$n = \dfrac{V_v}{V}$	土中孔隙体积与土的体积之比
饱和度（%）	S_r	$S_r = \dfrac{V_w}{V_v} \times 100$	土中水的体积与孔隙体积之比

注：W_s为土颗粒的重量；ρ_w为蒸馏水的密度，近似取$\rho_w = 1g/cm^3$；γ_w为水的重度，近似取$\gamma_w = 10kN/m^3$；g为重力加速度，近似取$g = 10m/s^2$。

7.2.2　项目代码

本计算程序可以计算土的基本物理性质指标。代码清单 7-2 中，❶及以下多行公式为计算土的基本物理性质指标的公式。具体见代码清单 7-2。

代码清单　　　　　　　　　　　7-2

```python
# -*- coding: utf-8 -*-
from datetime import datetime


def main():
    '''              ρw,   ρ,    w,      Gs '''
    ρw, ρ, w, ds = 1.0, 1.67, 0.129, 2.67
    ms = ds                                  ❶
    mw = w*ms
    e = (ms+mw)/ρ-1
    Vv = e
    n = e/(1+e)
    Vw = mw
    V = 1+e
    Sr = Vw/Vv
    ρd = ms/V
    γd = ρd*10
    ρsat = (ms+Vv*ρw)/V
    γsat = ρsat*10
```

```python
print('\n-----------土的基本物理性质指标计算------------\n')
print(f'孔隙比            e = {e:<3.3f}')
print(f'孔隙率            n = {n:<3.3f}')
print(f'孔隙体积         Vv = {Vv:<3.3f}')
print(f'水的体积         Vw = {Vw:<3.3f}')
print(f'总的体积          V = {V:<3.3f}')
print(f'饱和度           Sr = {Sr*100:<3.3f} %')
print(f'干密度           ρd = {ρd:<3.3f} g/cm^3')
print(f'干重度           γd = {γd:<3.3f} kN/m^3')
print(f'饱和密度       ρsat = {ρsat:<3.3f} g/cm^3')
print(f'饱和重度       γsat = {γsat:<3.3f} kN/m^3')


dt = datetime.now()
localtime = dt.strftime('%Y-%m-%d  %H:%M:%S ')
print('-'*many)
print("本计算书生成时间 :", localtime)


filename = '土的三项指标计算.docx'
with open(filename,'w',encoding = 'utf-8') as f:
    f.write('\n---------土的基本物理性质指标计算----------\n')
    f.write(f'孔隙比               e = {e:<3.3f} \n')
    f.write(f'孔隙率               n = {n:<3.3f} \n')
    f.write(f'孔隙体积            Vv = {Vv:<3.3f} \n')
    f.write(f'水的体积            Vw = {Vw:<3.3f} \n')
    f.write(f'总的体积             V = {V:<3.3f} \n')
    f.write(f'饱和度              Sr = {Sr*100:<3.3f}  %\n')
    f.write(f'干密度              ρd = {ρd:<3.3f} g/cm^3 \n')
    f.write(f'干重度              γd = {γd:<3.3f} kN/m^3 \n')
    f.write(f'饱和密度          ρsat = {ρsat:<3.3f} g/cm^3 \n')
    f.write(f'饱和重度          γsat = {γsat:<3.3f} kN/m^3 \n')
    f.write(f'本计算书生成时间 : {localtime}')


if __name__ == "__main__":
    many = 38
    print('='*many)
    main()
    print('='*many)
```

7.2.3 输出结果

运行代码清单 7-2，可以得到输出结果 7-2。

```
-------土的基本物理性质指标计算---------
孔隙比              e = 0.805
孔隙率              n = 0.446
孔隙体积           Vv = 0.805
水的体积           Vw = 0.344
总的体积            V = 1.805
饱和度             Sr = 42.784 %
干密度             ρd = 1.479 g/cm^3
干重度             γd = 14.792 kN/m^3
饱和密度          ρsat = 1.925 g/cm^3
饱和重度          γsat = 19.252 kN/m^3
```

7.3　粒径级配曲线

7.3.1　项目描述

本项目计算土的有效粒径d_{10}、连续粒径d_{30}、控制粒径d_{60}、不均匀系数C_u、曲率系数C_c，并画出给定试验数据的粒径级配曲线。

$$C_u = \frac{d_{60}}{d_{10}} \tag{7-1}$$

$$C_c = \frac{d_{30}^2}{d_{60} \cdot d_{10}} \tag{7-2}$$

7.3.2　项目代码

本计算程序可以计算土的粒径级配参数并画出粒径级配曲线。代码清单 7-3 中：❶为给定的试验数据；❷表示绘制粒径级配曲线；❸表示设定 x 轴为对数坐标轴，y 轴保持自然数坐标轴；❹表示翻转 x 坐标轴的方向；❺表示设定插值样式，常见的插值样式有："nearest"、"zero"（阶梯插值），"slinear"（线性插值），"quadratic"、"cubic"（2 阶、3 阶 B 样条曲线插值）；❻为输出结果 7-3 粒径级配曲线三处注释点样式的设定；❼表示保存为"粒径级配曲线.png"图片文件。具体见代码清单 7-3。

代 码 清 单　　　　　　　　　　　　　7-3

```
# -*- coding: utf-8 -*-
import matplotlib.pyplot as plt
```

```python
import matplotlib.ticker
from scipy import interpolate

def main():
    d = [0.005, 0.01, 0.05, 0.075, 0.25, 0.5, 1.0, 2.0, 5.0, 10.0]        ❶
    g = [10, 13.5, 26.0, 32.0, 55.0, 66.0, 78.0, 87.0, 95.0, 100]
    y = [0, 10, 20, 30, 40, 50, 60, 70, 80, 90, 100]

    fig, ax = plt.subplots(figsize=(5.7,3.6))

    ax.plot(d,g, color='r')                    ❷
    ax.set_xscale('log')                       ❸
    ax.set_xticks(d)
    ax.set_yticks(y)
    ax.get_xaxis().set_major_formatter(matplotlib.ticker.ScalarFormatter())

    plt.tick_params(labelsize=6)
    plt.rcParams['font.sans-serif'] = ['STsong']

    plt.ylabel("累积百分比（%）",size = 10)
    plt.xlabel("粒径d(mm)",size = 10)
    plt.gca().invert_xaxis()                    ❹

    for kind in ["cubic"]:                      ❺
        f=interpolate.interp1d(g,d,kind=kind)
        g = [10, 30, 60]
        d =f(g)
        Cu = d[2]/d[0]
        Cc = d[1]**2/(d[0]*d[2])
        print(f'有效粒径   d10 = {d[0]:<3.3f} mm')
        print(f'连续粒径   d30 = {d[1]:<3.3f} mm')
        print(f'控制粒径   d60 = {d[2]:<3.3f} mm')
        print(f'不均匀系数 Cu  = {Cu:<3.2f}')
        print(f'曲率系数   Cc  = {Cc:<3.2f}')

    for v,item in enumerate(g):                 ❻
        ax.annotate(f'{d[v]:<3.3f}mm', xy=(d[v], g[v]), xycoords='data',
                    xytext=(-20, 30), textcoords='offset points',
                    arrowprops=dict(arrowstyle="->",
                    connectionstyle="angle,angleA=-30,angleB=100,rad=33"))
```

```
    plt.grid()
    plt.show()
    graph = '粒径级配曲线'
    fig.savefig(graph, dpi=600, facecolor="#f1f1f1")          ❼


if __name__ == "__main__":
    m = 66
    print('='*m)
    main()
    print('='*m)
```

7.3.3 输出结果

运行代码清单 7-3，可以得到输出结果 7-3。

输 出 结 果　　　　　　　　　　　7-3

```
有效粒径    d10 = 0.005 mm
连续粒径    d30 = 0.067 mm
控制粒径    d60 = 0.348 mm
不均匀系数 Cu  = 69.68
曲率系数   Cc   = 2.57
```

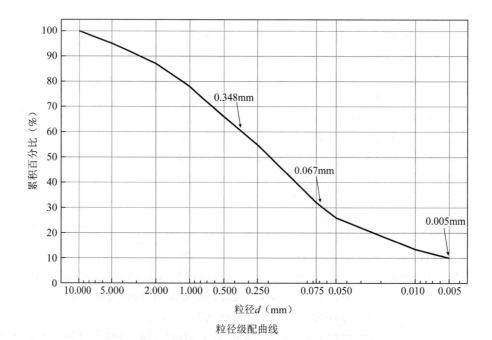

粒径级配曲线

7.4 载荷试验

7.4.1 项目描述

载荷试验是指在浅坑内放置载荷板，在其上依次分级施加压力，并测得各级压力的最终沉降值，直至土体破坏。通过试验，绘制各级压应力下沉降量与时间的关系曲线，以评价土的变形随时间的变化程度；当载荷板尺寸与实际基础底面尺寸相近时，可估计地基的承载力。

7.4.2 项目代码

本计算程序可以进行载荷试验分析。代码清单 7-4 中：❶为给定的初始数据；❷为绘制载荷试验曲线；❸表示翻转 x 坐标轴的方向；❹表示轴及坐标放置在图形的顶部；❺为插值样式，常见的插值样式有："nearest"、"zero"（阶梯插值），"slinear"（线性插值），"quadratic"、"cubic"（2 阶、3 阶 B 样条曲线插值）。具体见代码清单 7-4。

代码清单	7-4

```python
# -*- coding: utf-8 -*-
import matplotlib.pyplot as plt
from pylab import mpl
mpl.rcParams['axes.unicode_minus'] = False
import matplotlib.ticker
from scipy import interpolate


def main():
    p = [0, 56, 86, 113, 135, 162, 189, 212, 245]          ❶
    s = [0, 2.5, 5, 10, 15, 20, 25, 30, 40]

    fig, ax = plt.subplots(figsize=(5.7,4))
    ax.plot(p,s, color='r')                    ❷
    ax.set_xticks(p)
    ax.set_yticks(s)
    ax.get_xaxis().set_major_formatter(matplotlib.ticker.ScalarFormatter())
```

```
    plt.tick_params(labelsize=10)
    plt.rcParams['font.sans-serif'] = ['STsong']

    plt.ylabel("$s$ (mm)",size = 10)
    plt.xlabel("$p$ (kPa)",size = 10,)
    plt.gca().invert_yaxis()                    ❸
    ax.xaxis.set_ticks_position('top')          ❹
    ax.xaxis.set_label_position('top')

    for kind in ["slinear"]:                    ❺
        f = interpolate.interp1d(s,p,kind=kind)
        b = 707
        s = 0.015*b
        p =f(s)
        print(f'          p10 = {p:<3.3f} kPa')
        ax.annotate(f'{p:<3.2f} kPa', xy=(p, s), xycoords='data',
                    xytext=(-20, 30), textcoords='offset points',
                    arrowprops=dict(arrowstyle="->",
                    connectionstyle="angle,angleA=-30,angleB=100,rad=33"))

    plt.grid()
    plt.show()
    graph = '载荷试验'
    fig.savefig(graph, dpi=600, facecolor="#f1f1f1")

if __name__ == "__main__":
    m = 66
    print('='*m)
    main()
    print('='*m)
```

7.4.3 输出结果

运行代码清单 7-4，可以得到输出结果 7-4。输出结果 7-4 中的图示为 p-s 曲线图，图中 115.66kPa 代表沉降为 10.0mm 时所对应的载荷值。

输 出 结 果 7-4

```
p10 = 115.662 kPa
```

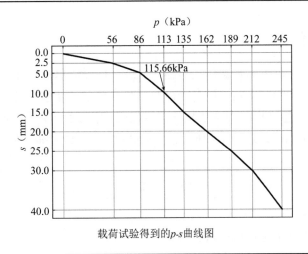

载荷试验得到的 p-s 曲线图

7.5 临塑荷载与临界荷载

7.5.1 项目描述

临塑荷载 p_{cr}（比例界限）是指使土体中即将出现而尚未出现塑性变形区时的荷载，是作用在建筑物地基上的荷载在使基础边缘处土壤即将出现塑性变形区时所达到的界限值。

$$p_{cr} = \gamma_0 d N_q + c N_c \tag{7-3}$$

式中：N_q、N_c——承载力系数，计算公式如下：

$$N_q = \frac{\cot\varphi + \varphi + \dfrac{\pi}{2}}{\cot\varphi + \varphi - \dfrac{\pi}{2}}$$

$$N_c = \frac{\pi \cdot \cot\varphi}{\cot\varphi + \varphi - \dfrac{\pi}{2}}$$

临界荷载 $p_{1/4}$ 是指构件或部件达临界状态时所承受的荷载，也是能够满足建筑物的强度、变形要求的荷载。地基中塑性变形区的最大深度达到基础宽度的 n 倍（$n = 1/3$ 或 $1/4$）时，作用于基础底面的荷载，被称为临界荷载。

$$p_{1/4} = \gamma b N_\gamma + \gamma_q d N_q + c N_c \tag{7-4}$$

式中：N_γ——承载力系数，计算公式如下：

$$N_\gamma = \frac{\pi}{4\left(\cot\varphi + \varphi - \dfrac{\pi}{2}\right)}$$

7.5.2　项目代码

本计算程序可以计算土的临塑荷载与临界荷载。代码清单 7-5 中：❶定义临塑荷载与临界荷载函数；❷表示为以上定义的各个函数所用参数赋初始值；❸计算得到❶函数的结果；❹开始绘制图形；❺为承载力系数N_γ的曲线代码；❻为承载力系数N_q的曲线代码；❼为承载力系数N_c的曲线代码；❽为临塑荷载p_{cr}的曲线代码；❾为临界荷载$p_{1/4}$的曲线代码。具体见代码清单 7-5。

代 码 清 单

7-5

```python
# -*- coding: utf-8 -*-
from math import tan,pi,radians
import numpy as np
from datetime import datetime
import matplotlib.pyplot as plt


def pcr_p025(φ,c,b,d,γ0):                        ❶
    Nγ = pi/(4*(1/tan(φ)+φ-pi/2))
    Nq = (1/tan(φ)+φ+pi/2)/(1/tan(φ)+φ-pi/2)
    Nc = pi*1/tan(φ)/(1/tan(φ)+φ-pi/2)
    pcr = Nq*γ0*d+Nc*c
    p025 = Nγ*(γ0-10)*b+Nq*γ0*d+Nc*c
    return Nγ, Nq, Nc, pcr, p025


def main():
    '''                φ,        c,  b,  d,   γ0 '''      ❷
    φ, c, b, d, γ0 = radians(16), 16, 1.0, 1.2, 18.8
    Nγ, Nq, Nc, pcr, p025 = pcr_p025(φ,c,b,d,γ0)         ❸
    print(f'承载力系数          Nγ = {Nγ:<3.2f}')
    print(f'承载力系数          Nq = {Nq:<3.2f}')
    print(f'承载力系数          Nc = {Nc:<3.2f}')
    print(f'临塑荷载          Pcr = {pcr:<3.2f} kPa')
    print(f'临界荷载         P0.25 = {p025:<3.2f} kPa')

    dt = datetime.now()
    localtime = dt.strftime('%Y-%m-%d  %H:%M:%S ')
    print('-'*m)
    print("本计算书生成时间 :", localtime)

    filename = '临塑荷载与临界荷载.docx'
    with open(filename,'w',encoding = 'utf-8') as f:
```

```
        f.write(f'承载力系数            Nγ = {Nγ:<3.2f}\n')
        f.write(f'承载力系数            Nq = {Nq:<3.2f}\n')
        f.write(f'承载力系数            Nc = {Nc:<3.2f}\n')
        f.write(f'临塑荷载            Pcr = {pcr:<3.2f} kPa\n')
        f.write(f'临界荷载            P0.25 = {p025:<3.2f} kPa\n')
        f.write(f'本计算书生成时间 : {localtime}')

fig,ax = plt.subplots(5,1, figsize=(5.7,10), facecolor="#f1f1f1")    ❹
fig.subplots_adjust(left=0.15, hspace=0.75)
plt.rcParams['font.sans-serif'] = ['STsong']


φ1 = np.linspace(0.1,45,100)
Nγ = [pcr_p025(radians(φ),c,b,d,γ0)[0] for φ in φ1]
Nq = [pcr_p025(radians(φ),c,b,d,γ0)[1] for φ in φ1]
Nc = [pcr_p025(radians(φ),c,b,d,γ0)[2] for φ in φ1]
pcr = [pcr_p025(radians(φ),c,b,d,γ0)[3] for φ in φ1]
p025 = [pcr_p025(radians(φ),c,b,d,γ0)[4] for φ in φ1]


ax[0].set_title('承载力系数$N_γ$', fontsize=8)                          ❺
ax[0].set_xlabel('$φ$',fontproperties='Arial', fontsize=8)
ax[0].set_ylabel('$N_γ$',fontproperties='Arial', fontsize=8)
ax[0].plot(φ1,Nγ,color='r', linewidth=2, linestyle='-')
ax[0].grid()


ax[1].set_title('承载力系数$N_q$', fontsize=8)                          ❻
ax[1].set_xlabel('$φ$',fontproperties='Arial', fontsize=8)
ax[1].set_ylabel('$N_q$',fontproperties='Arial', fontsize=8)
ax[1].plot(φ1,Nq,color='b',linewidth=2, linestyle='-')
ax[1].grid()


ax[2].set_title('承载力系数$N_c$', fontsize=8)                          ❼
ax[2].set_xlabel('$φ$',fontproperties='Arial', fontsize=8)
ax[2].set_ylabel('$N_c$',fontproperties='Arial', fontsize=8)
ax[2].plot(φ1,Nc,color='g',linewidth=2, linestyle='-')
ax[2].grid()


ax[3].set_title('临塑荷载$p_{cr}$', fontsize=8)                         ❽
ax[3].set_xlabel('$φ$',fontproperties='Arial', fontsize=8)
ax[3].set_ylabel('$p_{cr}$',fontproperties='Arial', fontsize=8)
ax[3].plot(φ1,pcr,color='c',linewidth=2, linestyle='-')
```

```
    ax[3].grid()

    ax[4].set_title('临界荷载$p_{0.25}$', fontsize=8)
    ax[4].set_xlabel('$φ$',fontproperties='Arial', fontsize=8)
    ax[4].set_ylabel('$p_{0.25}$',fontproperties='Arial', fontsize=8)
    ax[4].plot(φ1,p025,color='orange',linewidth=2, linestyle='-')
    ax[4].grid()

    plt.show()
    graph = '临塑荷载与临界荷载'
    fig.savefig(graph, dpi=600, facecolor="#f1f1f1")

if __name__ == "__main__":
    m = 50
    print('='*m)
    main()
    print('='*m)
```

❾

7.5.3 输出结果

运行代码清单 7-5，可以得到输出结果 7-5。

输 出 结 果 7-5

承载力系数	Nγ = 0.36
承载力系数	Nq = 2.43
承载力系数	Nc = 4.99
临塑荷载	Pcr = 134.67 kPa
临界荷载	P0.25 = 137.81 kPa

承载力系数$N_γ$

承载力系数N_q

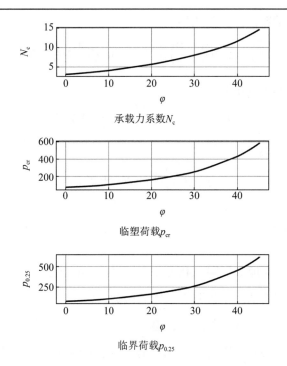

承载力系数N_c

临塑荷载p_{cr}

临界荷载$p_{0.25}$

7.6 地基极限承载力

7.6.1 项目描述

极限荷载是指整个地基处于极限平衡状态时所承受的荷载。

（1）普朗德尔地基极限承载力

$$p_u = cN_c \tag{7-5}$$

式中：N_c——承载力系数，计算公式如下：

$$N_c = \left[\mathrm{e}^{\pi \tan \varphi} \cdot \tan^2 \left(\frac{\pi}{4} + \frac{\varphi}{2} \right) - 1 \right] \cdot \cot \varphi$$

（2）瑞斯纳地基极限承载力

$$p_u = qN_q \tag{7-6}$$

式中：N_q——承载力系数，计算公式如下：

$$N_q = \tan^2 \left(\frac{\pi}{4} + \frac{\varphi}{2} \right) \cdot \mathrm{e}^{\pi \tan \varphi}$$

（3）泰勒地基极限承载力

$$p_u = \frac{\gamma b}{2} N_\gamma + cN_c + qN_q \tag{7-7}$$

式中：N_γ——承载力系数，计算公式如下：

$$N_\gamma = \tan\left(\frac{\pi}{4} + \frac{\varphi}{2}\right)\left[e^{\pi\tan\varphi} \cdot \tan^2\left(\frac{\pi}{4} + \frac{\varphi}{2}\right) - 1\right]$$

（4）斯肯普顿地基极限承载力

$$p_u = 5c\left(1 + \frac{b}{5l}\right)\left(1 + \frac{b}{5d}\right) + \gamma_0 d \tag{7-8}$$

（5）太沙基地基极限承载力

$$p_u = \frac{\gamma b}{2}N_\gamma + cN_c + qN_q \tag{7-9}$$

7.6.2　项目代码

本计算程序可以计算地基极限承载力。代码清单 7-6 中：❶定义普朗德尔地基极限承载力的函数；❷定义瑞斯纳地基极限承载力的函数；❸定义泰勒地基极限承载力的函数；❹定义斯肯普顿地基极限承载力的函数；❺定义太沙基地基极限承载力的函数；❻给出各个函数计算的初始值；❼及以下各段代码为❶～❺定义的各个地基极限承载力函数的计算结果。具体见代码清单 7-6。

代 码 清 单 7-6

```python
# -*- coding: utf-8 -*-
from math import tan,pi,radians,exp,sin,cos
from datetime import datetime


def ultimate_bearing_of_Prandtl_foundation(φ,c):          ❶
    '''普朗德尔地基极限承载力 '''
    Nc = (exp(pi*tan(φ))*(tan(pi/4+φ/2))**2-1)*1/tan(φ)
    pu = Nc*c
    return Nc, pu


def ultimate_bearing_of_Reynolds_foundation(φ,c,q):        ❷
    '''瑞斯纳地基极限承载力 '''
    Nq = exp(pi*tan(φ))*(tan(pi/4+φ/2))**2
    pu = Nq*q
    return Nq, pu


def ultimate_bearing_of_Taylor_foundation(φ,b,c,q,γ):      ❸
    '''泰勒地基极限承载力 '''
    Nc, pu = ultimate_bearing_of_Prandtl_foundation(φ,c)
    Nq, pu = ultimate_bearing_of_Reynolds_foundation(φ,c,q)
```

```
    Nγ = tan(pi/4+φ/2)*(exp(pi*tan(φ))*(tan(pi/4+φ/2))**2-1)
    pu = Nγ*b*γ/2+q*Nq+c*Nc
    return Nγ, pu


def ultimate_bearing_of_Skempton_foundation(c,l,b,d,γ):        ❹
    '''斯肯普顿地基极限承载力 '''
    pu = 5*c*(1+b/(5*l))*(1+d/(5*b))+γ*d
    return pu


def ultimate_bearing_of_Terzaghi_foundation(Kpγ,φ,ψt,c,l,b,d,γ,q):   ❺
    '''太沙基地基极限承载力 '''
    Nγ = 0.5*tan(φ)*(Kpγ*cos(φ-ψt)/(cos(φ)*cos(ψt))-1)
    Nc = tan(φ)+cos(φ-ψt)/
            (cos(φ)*sin(ψt))*(exp((3*pi/2+ψt-2*φ)*tan(ψt))*(1+sin(ψt))-1)
    Nq = cos(φ-ψt)/cos(φ)*exp((3*pi/2+ψt-2*φ)*tan(ψt))*tan(pi/4+ψt/2)
    pu = Nγ*b*γ/2+q*Nq+c*Nc
    return Nγ, Nq, Nc, pu


def main():
    '''    H,    N,    Kpγ,  φ,          ψt,            c, q,    l, b,    d, γ '''
    para = 13, 600, 50, radians(15), radians(15), 4, 47.2, 1, 4.2, 3, 19
    H, N, Kpγ, φ, ψt, c, q, l, b, d, γ = para                  ❻

    Nc, pu_Prandtl = ultimate_bearing_of_Prandtl_foundation(φ, c)   ❼
    print(f'承载力系数          Nc = {Nc:<3.2f}')
    print(f'普朗德尔地基极限承载力  Pu = {pu_Prandtl:<3.2f} kPa')

    Nq, pu_Reynolds = ultimate_bearing_of_Reynolds_foundation(φ,c,q)
    print(f'承载力系数          Nq = {Nq:<3.2f}')
    print(f'瑞斯纳地基极限承载力    Pu = {pu_Reynolds:<3.2f} kPa')

    Nγ, pu_Taylor = ultimate_bearing_of_Taylor_foundation(φ,b,c,q,γ)
    print(f'承载力系数          Nγ = {Nγ:<3.2f}')
    print(f'泰勒地基极限承载力    Pu = {pu_Taylor:<3.2f} kPa')

    pu_Skempton = ultimate_bearing_of_Skempton_foundation(c,l,b,d,γ)
    print(f'承载力系数          Nγ = {Nγ:<3.2f}')
    print(f'斯肯普顿地基极限承载力  Pu = {pu_Skempton:<3.2f} kPa')

    results = ultimate_bearing_of_Terzaghi_foundation(Kpγ,φ,ψt,c,l,b,d,γ,q)
```

```
Nγ, Nq, Nc, pu_Terzaghi = results
print(f'承载力系数              Nc = {Nc:<3.2f}')
print(f'承载力系数              Nq = {Nq:<3.2f}')
print(f'承载力系数              Nγ = {Nγ:<3.2f}')
print(f'太沙基地基极限承载力    Pu = {pu_Terzaghi:<3.2f} kPa')


dt = datetime.now()
localtime = dt.strftime('%Y-%m-%d  %H:%M:%S ')
print('-'*m)
print("本计算书生成时间 :", localtime)


filename = '地基极限承载力.docx'
with open(filename,'w',encoding = 'utf-8') as f:
    f.write(f'承载力系数              Nc = {Nc:<3.2f}\n')
    f.write(f'普朗德尔地基极限承载力  Pu = {pu_Prandtl:<3.2f} kPa\n')
    f.write(f'承载力系数              Nq = {Nq:<3.2f}\n')
    f.write(f'瑞斯纳地基极限承载力    Pu = {pu_Reynolds:<3.2f} kPa\n')
    f.write(f'承载力系数              Nγ = {Nγ:<3.2f}\n')
    f.write(f'泰勒地基极限承载力      Pu = {pu_Taylor:<3.2f} kPa\n')
    f.write(f'斯肯普顿地基极限承载力  Pu = {pu_Skempton:<3.2f} kPa\n')
    f.write(f'本计算书生成时间 : {localtime}')


if __name__ == "__main__":
    m = 50
    print('='*m)
    main()
    print('='*m)
```

7.6.3   输出结果

运行代码清单 7-6，可以得到输出结果 7-6。

输 出 结 果

7-6

```
承载力系数              Nc = 10.98
普朗德尔地基极限承载力  Pu = 43.91 kPa
-------------------------------------
承载力系数              Nq = 3.94
```

瑞纳斯地基极限承载力	Pu = 186.02 kPa

承载力系数	Nγ = 3.83
泰勒地基极限承载力	Pu = 382.86 kPa

承载力系数	Nγ = 3.83
斯肯普顿地基极限承载力	Pu = 99.06 kPa

承载力系数	Nc = 12.86
承载力系数	Nq = 4.45
承载力系数	Nγ = 7.05
太沙基地基极限承载力	Pu = 542.43 kPa

7.7　汉森地基极限承载力

7.7.1　项目描述

汉森公式是半经验公式，适用于倾斜荷载作用下，不同基础形状和埋置深度的极限荷载的计算。

汉森公式的普遍形式(未列入地表面倾斜系数)为：

$$p_{u} = \frac{1}{2}\gamma b N_{\gamma}s_{\gamma}d_{\gamma}i_{\gamma} + qN_{q}s_{q}d_{q}i_{q} + cN_{c}s_{c}d_{c}i_{c} \tag{7-10}$$

式中：i_{γ}、i_{q}、i_{c}——与作用荷载倾斜角有关倾斜修正系数，见表 7-2；

　　　s_{γ}、s_{q}、s_{c}——与基础形状有关的形状修正系数，见表 7-3；

　　　d_{γ}、d_{q}、d_{c}——与基础埋深有关的深度修正系数，见表 7-4。

荷载倾斜修正系数　　　　　　　　　　　　　　　　表 7-2

$$i_{\gamma} = \left(1 - \frac{0.7H}{N + Ac \cdot \cot\varphi}\right)^{5} > 0$$

$$i_{q} = \left(1 - \frac{0.5H}{N + Ac \cdot \cot\varphi}\right)^{5} > 0$$

$$当\varphi > 0\text{ 时，}i_{c} = i_{q} - \frac{1 - i_{q}}{N_{q} - 1}$$

$$当\varphi = 0\text{ 时，}i_{c} = 0.5 - 0.5\sqrt{1 - \frac{H}{Ac}}$$

式中：N、H——作用在基础底面的竖向荷载及水平荷载；

　　　A——基础底面面积，$A = bl$（偏心荷载时为有效面积 $A = b'l'$）

基础形状修正系数 表 7-3

矩形基础	方形基础或圆形基础
$s_\gamma = 1 - 0.4i_\gamma \dfrac{b}{l}$	$s_\gamma = 1 - 0.4i_\gamma$
$s_q = 1 + 0.4i_q \dfrac{b}{l}\sin\varphi$	$s_q = 1 + 0.4i_q\sin\varphi$
$s_c = 1 + 0.2i_c \dfrac{b}{l}$	$s_c = 1 + 0.2i_c$

深 度 修 正 系 数 表 7-4

$d/l \leqslant 1$ 时	$d/l > 1$ 时
$d_\gamma = 1$	$d_\gamma = 1$
$d_q = 1 + 2\tan\varphi\,(1-\sin\varphi)^2\left(\dfrac{d}{b}\right)$	$d_q = 1 + 2\tan\varphi\,(1-\sin\varphi)^2\arctan\left(\dfrac{d}{b}\right)$
当 $\varphi > 0$ 时，$d_c = d_q - \dfrac{1-d_q}{N_q-1}$	当 $\varphi > 0$ 时，$d_c = d_q - \dfrac{1-d_q}{N_q-1}$
当 $\varphi = 0$ 时，$d_c = 1 + 0.4\left(\dfrac{d}{b}\right)$	当 $\varphi = 0$ 时，$d_c = 1 + 0.4\arctan\left(\dfrac{d}{b}\right)$

注：偏心荷载时，b 采用有效宽度 b'，l 采用有效长度 l'。

7.7.2 项目代码

本计算程序可以计算汉森地基极限承载力。代码清单 7-7 中：❶为参数 N 的计算；❷为参数 i 的计算；❸为参数 s 的计算；❹为参数 d 的计算；❺为汉森地基极限承载力。具体见代码清单 7-7。

代 码 清 单 7-7

```python
# -*- coding: utf-8 -*-
from math import tan,pi,radians,exp,sin,sqrt,atan
from datetime import datetime


def ultimate_bearing_of_Hanson_foundation(H,N,φ,ψt,c,l,b,d,γ,q):
    '''--- 汉森地基极限承载力 ---'''
    A = b*l
    Nq = exp(pi*tan(φ))*(tan(pi/4+φ/2))**2    ❶
    Nc = (Nq-1)*1/tan(φ)
    Nγ = 1.5*(Nq-1)*tan(φ)
```

```python
        iγ = max((1-0.7*H/(N+A*c/tan(φ)))**5, 0) ❷
        iq = max((1-0.5*H/(N+A*c/tan(φ)))**5, 0)
        ic = iq-(1-iq)/(Nq-1) if φ<0 else 0.5-0.5*sqrt(1-H/(A*c))

        sγ = max(1-0.4*iγ*b/l, 0)                    ❸
        sq = 1+0.4*iq*b/l*sin(φ)
        sc = 1+0.2*ic*b/l

        if d/b <=1:                                  ❹
            dγ = 1.0
            dq = 1+2*tan(φ)*(1-sin(φ))**2*(d/b)
            dc = dq-(1-dq)/(Nq-1) if φ<0 else 1+0.4*(d/b)
        else:
            dγ = 1.0
            dq = 1+2*tan(φ)*(1-sin(φ))**2*atan(d/b)
            dc = dq-(1-dq)/(Nq-1) if φ<0 else 1+0.4*atan(d/b)

        pu = γ*b*Nγ*iγ*sγ*dγ/2+q*Nq*iq*sq*dq+c*Nc*ic*sc*dc          ❺
        return Nγ,Nq,Nc,iγ,iq,ic,sγ,sq,sc,dγ,dq,dc,pu

def main():
    print('\n',ultimate_bearing_of_Hanson_foundation.__doc__,'\n')
    '''     H,  N,  Kpγ, φ,              ψt,        c, q,   l, b,   d, γ '''
    para = 13, 600, 50,  radians(15), radians(15), 4, 47.2, 1, 4.2, 3, 9
    H, N, Kpγ, φ, ψt, c, q, l, b, d, γ = para

    results = ultimate_bearing_of_Hanson_foundation(H,N,φ,ψt,c,l,b,d,γ,q)
    Nγ,Nq,Nc,iγ,iq,ic,sγ,sq,sc,dγ,dq,dc,pu_Hanson = results

    print(f'承载力系数             Nc = {Nc:<3.2f}')
    print(f'承载力系数             Nq = {Nq:<3.2f}')
    print(f'承载力系数             Nγ = {Nγ:<3.2f}')
    print('-'*m)
    print(f'倾斜修正系数            iγ = {iγ:<3.2f}')
    print(f'倾斜修正系数            iq = {iq:<3.2f}')
    print(f'倾斜修正系数            ic = {ic:<3.2f}')
    print('-'*m)
    print(f'形状修正系数            sγ = {sγ:<3.2f}')
```

```python
    print(f'形状修正系数              sq = {sq:<3.2f}')
    print(f'形状修正系数              sc = {sc:<3.2f}')
    print('-'*m)
    print(f'深度修正系数              dγ = {dγ:<3.2f}')
    print(f'深度修正系数              dq = {dq:<3.2f}')
    print(f'深度修正系数              dc = {dc:<3.2f}')
    print('-'*m)
    print(f'汉森地基极限承载力         Pu = {pu_Hanson:<3.2f} kPa')

    dt = datetime.now()
    localtime = dt.strftime('%Y-%m-%d  %H:%M:%S ')
    print('-'*m)
    print("本计算书生成时间 :", localtime)

    filename = '汉森地基极限承载力.docx'
    with open(filename,'w',encoding = 'utf-8') as f:
        f.write('\n'+ultimate_bearing_of_Hanson_foundation.__doc__+'\n')

        f.write(f'承载力系数              Nc = {Nc:<3.2f}\n')
        f.write(f'承载力系数              Nq = {Nq:<3.2f}\n')
        f.write(f'承载力系数              Nγ = {Nγ:<3.2f}\n')

        f.write(f'倾斜修正系数              iγ = {iγ:<3.2f}\n')
        f.write(f'倾斜修正系数              iq = {iq:<3.2f}\n')
        f.write(f'倾斜修正系数              ic = {ic:<3.2f}\n')

        f.write(f'形状修正系数              sγ = {sγ:<3.2f}\n')
        f.write(f'形状修正系数              sq = {sq:<3.2f}\n')
        f.write(f'形状修正系数              sc = {sc:<3.2f}\n')

        f.write(f'深度修正系数              dγ = {dγ:<3.2f}\n')
        f.write(f'深度修正系数              dq = {dq:<3.2f}\n')
        f.write(f'深度修正系数              dc = {dc:<3.2f}\n')

        f.write(f'汉森地基极限承载力         Pu = {pu_Hanson:<3.2f} kPa\n')
        f.write(f'本计算书生成时间 : {localtime}')


if __name__ == "__main__":
```

```
m = 50
print('='*m)
main()
print('='*m)
```

7.7.3　输出结果

运行代码清单 7-7，可以得到输出结果 7-7。

输　出　结　果　　　　　　　　　　　7-7

```
--- 汉森地基极限承载力 ---
承载力系数           Nc = 10.98
承载力系数           Nq = 3.94
承载力系数           Nγ = 1.18
--------------------------------------------------
倾斜修正系数          iγ = 0.93
倾斜修正系数          iq = 0.95
倾斜修正系数          ic = 0.26
--------------------------------------------------
形状修正系数          sγ = 0.00
形状修正系数          sq = 1.41
形状修正系数          sc = 1.22
--------------------------------------------------
深度修正系数          dγ = 1.00
深度修正系数          dq = 1.21
深度修正系数          dc = 1.29
--------------------------------------------------
汉森地基极限承载力      Pu = 321.08 kPa
```

7.8　土层液化判定

7.8.1　项目描述

根据《建筑抗震设计规范》（GB 50011—2010）（2016 版）（简称《抗规》），液化土和软土地基的总体关系见流程图 7-2。

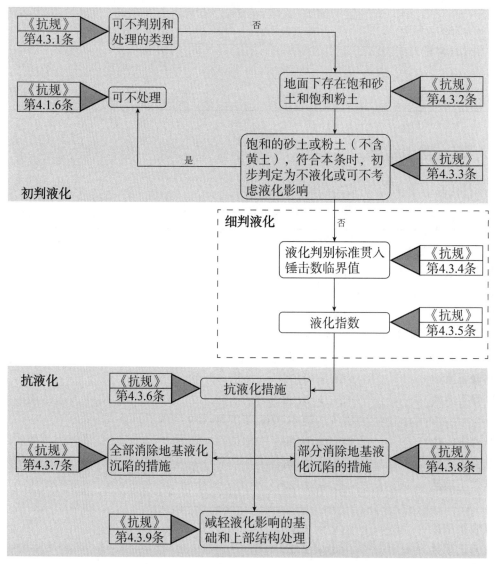

流程图 7-2　液化土和软土地基的总体关系

根据《建筑抗震设计规范》（GB 50011—2010）（2016 版）第 4.3.1 条~第 4.3.3 条，土的液化初步判别见流程图 7-3。

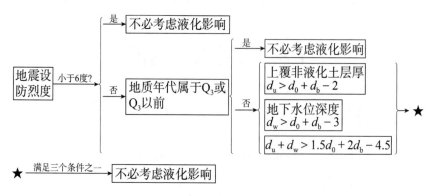

流程图 7-3　土的液化初步判别

7.8.2 项目代码

本计算程序可以进行土的液化初步判别。具体见代码清单 7-8。

代 码 清 单　　　　　　　　　　　7-8

```python
# -*- coding: utf-8 -*-

d, dw = 1.5, 6.5
du, d0, db = 6, 8, max(d,2)

if du < d0+db-2:
    print('因 du<d0+db-2, 不满足《抗规》式（4.3.3-1）')
else:
    print('因 du>=d0+db-2, 满足《抗规》式（4.3.3-1）')

if dw <  d0+db-3:
    print('因 dw<d0+db-3, 不满足《抗规》式（4.3.3-2）')
else:
    print('因 dw>=d0+db-3, 满足《抗规》式（4.3.3-2）')

if du+dw <  1.5*d0+2*db-4.5:
    print('因 du+dw<1.5*d0+2*db-4.5, 不满足《抗规》式（4.3.3-3）')
else:
    print('因 du+dw>=1.5*d0+2*db-4.5, 满足《抗规》式（4.3.3-3）')

if (du < d0+db-2) and (dw < d0+db-3) and (du+dw < 1.5*d0+2*db-4.5):
    print('根据《抗规》第4.3.3条第3款, 初判考虑液化影响。')
else:
    print('根据《抗规》第4.3.3条第3款, 初判可不考虑液化影响。')
else:
    print('根据《抗规》第4.3.3条第3款, 初判可不考虑液化影响。')
```

7.8.3 输出结果

运行代码清单 7-8，可以得到输出结果 7-8。

输 出 结 果　　　　　　　　　　　7-8

```
因 du<d0+db-2, 不满足《抗规》式（4.3.3-1）
因 dw<d0+db-3, 不满足《抗规》式（4.3.3-2）
因 du+dw>=1.5*d0+2*db-4.5, 满足《抗规》式（4.3.3-3）
```

根据《抗规》第 4.3.3 条第 3 款，初判可不考虑液化影响。

7.9 土的加权平均重度（方法一）

7.9.1 项目描述

土的加权平均重度为：

$$\gamma_{\mathrm{m}} = \frac{\gamma_1 h_1 + \gamma_2 h_2 + \cdots + \gamma_n h_n}{h_1 + h_2 + \cdots + h_n} \tag{7-11}$$

7.9.2 项目代码

本计算程序可以计算土的加权平均重度。代码清单 7-9 中：❶表示线性代数的点积计算土的加权平均重度；❷表示 Numpy 数组内的对应数值相乘后再求和与土层深度相比得到土的加权平均重度；❸为各土层的重度计算所需的数组；❹为各土层的厚度计算所需的数组。具体见代码清单 7-9。

代 码 清 单　　　　　　　　　　　　　　7-9

```
# -*- coding: utf-8 -*-
import numpy as np
from datetime import datetime

def Weighted_average_weight_of_soil(γ,h):
    γm1 = np.dot(γ,h)/sum(h)                ❶
    γm2 = np.sum(γ*h)/sum(h)                ❷
    error = γm2-γm1
    return γm1, γm2, error

def main():
    print('\n',Weighted_average_weight_of_soil.__doc__,'\n')
    γ = np.array([15,16,17])                ❸
    h = np.array([2,3,6])                   ❹
    γm1, γm2, error = Weighted_average_weight_of_soil(γ,h)

    print(f'土的加权平均重度    γm1 = {γm1:<3.2f} kN/m^3')
    print(f'土的加权平均重度    γm1 = {γm1:<3.2f} kN/m^3')
    print(f'两种计算方法的误差 error = {error:<3.3f} ')
```

```
dt = datetime.now()
localtime = dt.strftime('%Y-%m-%d  %H:%M:%S')
print('-'*m)
print("本计算书生成时间 :", localtime)


filename = '土的加权平均重度.docx'
    with open(filename,'w',encoding = 'utf-8') as f:
    f.write('\n'+ Weighted_average_weight_of_soil.__doc__+'\n')
    f.write('计算结果：\n')
    f.write(f'土的加权平均重度 γm1 = {γm1:<3.1f} kN/m^3 \n')
    f.write(f'土的加权平均重度 γm1 = {γm1:<3.1f} kN/m^3 \n')
    f.write(f'两种计算方法的误差 error = {error:<3.3f} \n')
    f.write(f'本计算书生成时间 : {localtime}')

if __name__ == "__main__":
    m = 66
    print('='*m)
    main()
    print('='*m)
```

7.9.3　输出结果

运行代码清单 7-9，可以得到输出结果 7-9。输出结果 7-9 中：❶为代码清单 7-9 中的方法❶得到的数值；❷为代码清单 7-9 中的方法❷得到的数值。

<table>
<tr><td>输 出 结 果</td><td>7-9</td></tr>
</table>

```
---本函数是计算土的加权平均重度---
土的加权平均重度      γm1 = 16.36 kN/m^3        ❶
土的加权平均重度      γm1 = 16.36 kN/m^3        ❷
两种计算方法的误差 error = 0.000
```

7.10　土的加权平均重度（方法二）

7.10.1　项目描述

项目描述同 7.9.1 节，不再赘述。

7.10.2　项目代码

本计算程序可以计算土的加权平均重度。代码清单 7-10 中：❶定义土层函数，输入n个土层相应的厚度和重度；❷引用 Soil 函数；❸表示列表法计算各层土的重度与厚度的乘积，并存入新列表γh；❹输出各层土的参数，以备程序使用者核实；❺为土的加权平均重度；❻为程序指定土层数量。具体见代码清单 7-10。

代码清单　　　　　　　　　　　　　　　　7-10

```python
# -*- coding: utf-8 -*-
from datetime import datetime

def Soil(n):                                              ❶
    h = [float(input(f'输入土层 {v+1} 厚度 ( m); ')) for v in range(n)]
    γ = [float(input(f'输入土层 {v+1} 重度 ( kN/m^3; ')) for v in range(n)]
    return h, γ

def Weighted_average_weight_of_soil(n):
    h, γ = Soil(n)                                        ❷
    γh = [h[i]*γ[i] for i in range(n)]                    ❸
    print('-'*m)
    for i in range(n):                                    ❹
        print(f'土层厚度    h{i+1} = {h[i]:<3.2f} m')
        print(f'土层重度    γ{i+1} = {γ[i]:<3.2f} kN/m^3')
    H= sum(h)
    γm =  sum(γh)/H                                       ❺
    return γm, H

def main():
    print('\n',Weighted_average_weight_of_soil.__doc__)
    n = int(input('输入土层数: '))                          ❻
    γm, H = Weighted_average_weight_of_soil(n)

    print(f'土层总厚度        H = {H:<3.2f} m')
    print(f'土层加权平均重度   γm = {γm:<3.2f} kN/m^3')
    dt = datetime.now()
    localtime = dt.strftime('%Y-%m-%d  %H:%M:%S')
    print('-'*m)
    print("本计算书生成时间 :", localtime)

    filename = '土的加权平均重度.docx'
    with open(filename,'w',encoding = 'utf-8') as f:
```

```
        f.write('\n'+ Weighted_average_weight_of_soil.__doc__+'\n')
        f.write('计算结果：\n')
        f.write(f'土层总厚度        H = {H:<3.2f} m \n')
        f.write(f'土层加权平均重度 γm = {γm:<3.2f} kN/m^3 \n')
        f.write(f'本计算书生成时间 : {localtime}')

if __name__ == "__main__":
    m = 36
    print('='*m)
    main()
    print('='*m)
```

7.10.3 输出结果

运行代码清单 7-10，可以得到输出结果 7-10。输出结果 7-10 中：❶为提示输入需计算土层的层数；❷及以下三行内容为输入的土层参数；❸为代码清单 7-10 中❹处的各个土层参数的运行结果；❹为土的加权平均重度。

输 出 结 果　　　　　　　　　　　　　　　　　　　　7-10

```
本函数是计算土的加权平均重度
输入土层数：2                                    ❶
输入土层 1 的厚度（m）；3                          ❷
输入土层 2 的厚度（m）；5
输入土层 1 的重度（kN/m^3；15.6
输入土层 2 的重度（kN/m^3；17.8
-----------------------------------------
土层厚度        h1 = 3.00 m                      ❸
土层重度        γ1 = 15.60 kN/m^3
土层厚度        h2 = 5.00 m
土层重度        γ2 = 17.80 kN/m^3
土层总厚度       H = 8.00 m
土层加权平均重度  γm = 16.98 kN/m^3               ❹
```

7.11　希 腊 字 母

7.11.1 项目描述

代码可以实现直接采用希腊字母输入土力学与基础工程的公式，这样程序阅读的公式与原始公式更为相似。

7.11.2　项目代码

本段代码可以得到希腊字母。具体见代码清单 7-11。

代 码 清 单　　　　　　　　　　　7-11

```
# -*- coding: utf-8 -*-

char = [chr(code) for code in range(945,970)]
codelist= [code for code in range(945,970)]
print(char)
```

7.11.3　输出结果

运行代码清单 7-11，可以得到输出结果 7-11。

输 出 结 果　　　　　　　　　　　7-11

```
['α', 'β', 'γ', 'δ', 'ε', 'ζ', 'η', 'θ', 'ι', 'κ', 'λ', 'μ', 'ν',
'ξ', 'ο', 'π', 'ρ', 'ς', 'σ', 'τ', 'υ', 'φ', 'χ', 'ψ', 'ω']
```

参 考 文 献

[1] 马瑞强. 注册岩土工程师专业考试易考点与流程图：浅基础、深基础、地基处理、地震工程［M］. 北京：清华大学出版社，2019.

[2] 马瑞强. 注册结构工程师专业考试易考点与流程图［M］. 北京：中国电力出版社，2018.

[3] 本书编委会. 建筑地基基础设计规范理解与应用［M］.2 版. 北京：中国建筑工业出版社，2012.

[4] 刘金波. 建筑桩基技术规范理解与应用［M］. 北京：中国建筑工业出版社，2008.

[5] 腾延京. 建筑地基处理技术规范理解与应用［M］. 北京：中国建筑工业出版社，2013.